普通高等教育机械工程类精品课程规划教材

工程图学导引教程

主　编　杨光辉　陈　平
副主编　许　倩　陈　华

中国铁道出版社有限公司
CHINA RAILWAY PUBLISHING HOUSE CO., LTD.

内 容 简 介

本书根据教育部高等学校工程图学教学指导委员会制定的《普通高等院校工程图学课程教学基本要求》《全国大学生先进图形技能与创新大赛机械类竞赛大纲》《全国计算机辅助技术认证考试》《全国 CAD 技能等级考评大纲》构思整体框架，并参考国内外同类教材，在总结教学实践的基础上编写而成。

本书共分 9 章，主要内容包括：点、直线和平面的投影，立体表面的交线及轴测图，组合体，构形设计，机件的常用表达方法，零件图，装配图，Inventor 三维实体造型，考试范例及参考答案。

本书适合作为高等院校、高职高专等工科院校机械类和近机类专业的教材，也可以作为从事工程图学及相关工程技术人员的参考工具书。

图书在版编目（CIP）数据

工程图学导引教程/杨光辉，陈平主编 . —北京：中国铁道出版社，2018. 12（2021. 8 重印）

普通高等教育机械工程类精品课程规划教材

ISBN 978-7-113-24868-0

Ⅰ.①工… Ⅱ.①杨… ②陈… Ⅲ.①工程制图-高等学校-教材 Ⅳ.①TB23

中国版本图书馆 CIP 数据核字（2018）第 186202 号

书　　名：**工程图学导引教程**

作　　者：杨光辉　陈　平

策　　划：尹　娜　　　　　　　　　　　编辑电话：(010) 51873206

责任编辑：尹　娜

封面设计：刘　颖

责任校对：张玉华

责任印制：高春晓

出版发行：中国铁道出版社有限公司 （100054，北京市西城区右安门西街 8 号）

网　　址：http://www.tdpress.com/51eds/

印　　刷：三河市航远印刷有限公司

版　　次：2018 年 12 月第 1 版　2021 年 8 月第 3 次印刷

开　　本：787 mm×1 092 mm　1/16　印张：15.25　字数：367 千

书　　号：ISBN 978-7-113-24868-0

定　　价：49.80 元

序　言

  "工程图学"课程是工科专业学生需要掌握的一门专业基础课，它是研究绘制和阅读工程图样的基本原理和基本方法，可培养学生的制图能力、空间思维能力和计算机设计绘图初步能力。通过本课程的学习，达到掌握绘制和阅读工程图样的基本原理和基本方法、强化空间思维能力、具备基本绘图（徒手绘图、尺规绘图和计算机绘图）能力及初步的形体设计和形体构造的能力。但是在教学实践过程中发现，部分学生在学习过程中遇到许多困难，而这些问题由于各种原因在短时间内又无法解决。这些问题一直困扰着学生一个学期、一学年甚至整个大学四年。所以迫切需要一本合适的工程图学导引教程来帮助这些学生重新树立学习工程图学的信心，使之尽快学好这门课程，掌握读图和画图的基本理论和方法。我们在多年实践教学的基础上，总结编写了本书。在编写过程中，力图遵循学生的认知规律，由浅入深，由易到难，全面综合考虑工科各专业应掌握的基本知识和要求，重视基础，引导难点和重点问题的解决。本书强化学生课外的自主性学习训练，促进学生主动学习，通过"三自模式"（自主选题、自我测试、自我评价），使学生学有兴趣、学有动力，提高分析问题和解决问题的能力，增强学生的学习信心。

  本书的编写将工程制图和计算机三维实体造型技术结合起来，"典型基本例题分析"部分、"自测题"部分，除了配有参考答案，同时尽量提供大量的立体图。学生在自我练习时，建议采用"自我选题训练、对照参考答案、想象空间立体、对照参考立体图"的顺序，有利于学生自主学习，有利于对学生的空间想象能力和创新思维能力进行引导和培养。书中所选的例题博采众长，有些题目节选了全国制图大赛的比赛真题，体现了工程图学课程的发展方向。本书的重点是用图解和图示方法帮助读者理解和掌握工程图学的基础知识和提高解题能力。对于其他相关内容，诸如尺寸、技术要求等知识点，请读者自行参考各类"机械制图"教材。

  本书是根据教育部高等学校工程图学教学指导委员会制定的《普通高等院校工程图学课程教学基本要求》《全国大学生先进图形技能与创新大赛机械类竞赛大纲》《全国计算机辅助技术认证考试》《全国 CAD 技能等级考评大纲》构思整体框架，并参考国内外同类教材，在总结我校教学实践的基础上编写而成的，适合作为工科院校机械类和近机类专业人员的学习和培训用书。本书的编写得到了"十二五"期间高等学校本科教学质量与教学改革工程建设项目和北京科技大学教材建设经费资助，同时得到了"北京科技大学青年教学骨干人才培养计划"项目的支持。

　　本书由北京科技大学杨光辉、陈平担任主编，许倩、陈华担任副主编，曹彤、万静、樊百林、杨皓、李晓武、何丽参与了编写。在编写过程中，得到了许多同行的帮助和支持，在此表示感谢。北京航空航天大学尚凤武教授、北京科技大学许纪倩教授对本书进行了审阅，并提出了许多宝贵意见和建议，在此表示衷心的感谢。

　　本书适合作为高等院校、高职高专等工科院校机械类和近机类专业的教材，也可以作为从事工程图学及相关工程技术人员的参考工具书。

　　由于编者水平有限，书中不足及错误在所难免，敬请广大读者批评指正。作者 E-mail 联系方式：yanggh@ustb.edu.cn。

编　者

2018 年 1 月

目　　录

第1章 点、直线和平面的投影

1.1 内容要点

1. 熟练掌握点、线、面的投影特性及其相对位置关系。

2. 熟练掌握直角三角法和直角投影定理。

3. 熟练掌握换面法：换面法就是在不改变空间几何元素位置的条件下改变投影面的位置，使它与所给物体或其几何元素处于解题所需的特殊位置。换面法的关键是要注意新投影面的选择条件，即必须使新投影面与某一原投影面保持垂直关系，同时又应有利于解题需要，这样才能使正投影规律继续有效。点的变换规律是换面法的作图基础，四个基本问题（将一般位置直线变换成投影面平行线、将投影面平行线变换成投影面垂直线、一般位置平面变换成投影面垂直面、投影面垂直面变换成投影面平行面）是解题的基本作图方法，必需熟练掌握。

4. 使用换面法解题时一般要注意下面几个问题：

（1）分析已给条件的空间情况，弄清原始条件中物体与原投影面的相对位置，并把这些条件抽象成几何元素（点、线、面等）。

（2）根据要求得到的结果，确定出有关几何元素对新投影面应处于什么样的特殊位置（垂直或平行），据此选择正确的解题思路与方法。

（3）在具体作图过程中，要注意新投影与原投影在变换前后的关系，既要在新投影体系中正确无误地求得结果，又能将结果返回到原投影体系中去。

5. 会使用换面法解决以下问题：

（1）求直线实长和与投影面的倾角（方法：将直线变换成投影面的平行线）。

（2）求平面实形和形心（方法：将平面变换成投影面的平行面）。

（3）求平面与投影面的倾角（方法：将平面变换成投影面的垂直面）。

（4）求距离。

① 点与直线之间（方法：将直线变换成投影面垂直线；将点与直线组成的平面变换成投影面的平行面）。

② 点与平面之间（方法：将平面变换成投影面垂直面）。

③ 两平行线之间（方法：将两直线变换成投影面垂直线）。

④ 两平行平面之间（方法：将两平面变换成投影面垂直面）。

（5）求夹角。

① 两直线之间（方法：将两直线组成的平面变换成投影面平行面）。

② 两平面之间（方法：将两平面变换成投影面的垂直面，即应将两平面的交线变换成投影面的垂直线）。

1.2　典型基本例题分析

例 1.1　求点 C 到直线 AB 的距离（图 1.1），并求垂足 D。

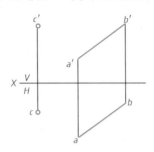

图 1.1　求点 C 到直线 AB 的距离

空间及投影分析：求 C 点到直线 AB 的距离，就是求垂线 CD 的实长。如图 1.2 所示，当直线 AB 垂直于投影面时，CD 平行于投影面，其投影反映实长。

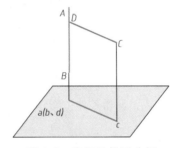

图 1.2　空间及投影分析

具体解题步骤如图 1.3 所示。

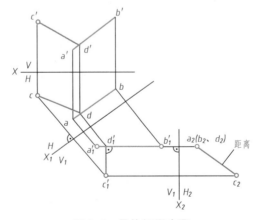

图 1.3　具体解题步骤

例 1.2　已知两交叉直线 AB 和 CD 的公垂线的长度为 MN（图 1.4），且 AB 为水平线，求 CD 及 MN 的投影。

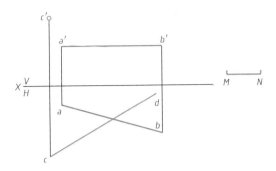

图 1.4　求 *CD* 及 *MN* 的投影

空间及投影分析：如图 1.5 所示，当直线 *AB* 垂直于投影面时，*MN* 平行于投影面，这时它的投影 $m_1 n_1 = MN$，且 $m_1 n_1 \perp c_1 d_1$。

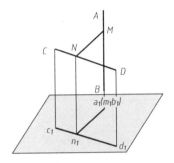

图 1.5　空间及投影分析

具体解题步骤如图 1.6 所示。

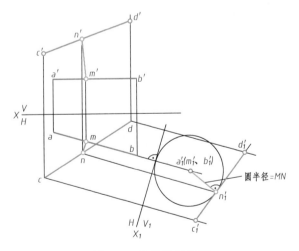

图 1.6　具体解题步骤

例 1.3　过 *C* 点作直线 *CD* 与 *AB* 相交成 60° 角（图 1.7）。

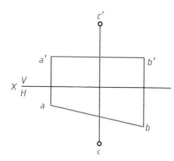

图 1.7　过 *C* 点作直线 *CD* 与 *AB* 相交成 60° 角

空间及投影分析：*AB* 与 *CD* 都平行于某一投影面时，其投影的夹角才反映实形（60°），因此需将 *AB* 与 *C* 点所确定的平面变换成投影面平行面。

具体解题步骤如图 1.8 所示。

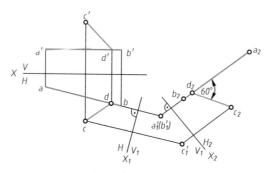

图 1.8　具体解题步骤

例 1.4　求平面 *ABC* 和 *ABD* 的两面角（图 1.9）。

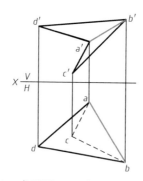

图 1.9　求平面 *ABC* 和 *ABD* 的两面角

空间及投影分析：两平面的交线垂直于某一投影面时，则两平面垂直于该投影面，它们的投影积聚成直线，直线间的夹角为所求，如图 1.10 所示。

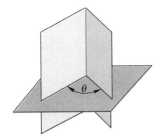

图 1.10　空间及投影分析

具体解题步骤如图 1.11 所示。

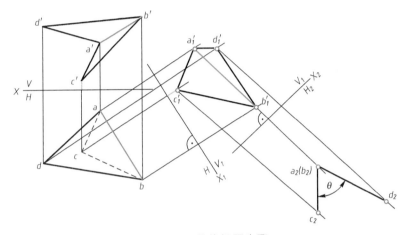

图 1.11　具体解题步骤

1.3　自　测　题

1. 已知直线 AB 与 $\triangle CDE$ 平面平行，且相距 20 mm，求直线 AB 的水平投影（图 1.12）。

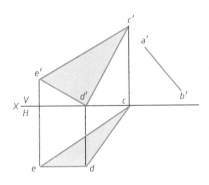

图 1.12　求直线 AB 的水平投影

2. 试确定△ABC 的外接圆圆心 O（图 1.13）。

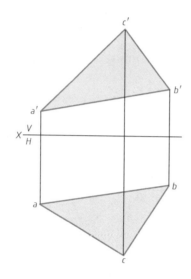

图 1.13　确定△ABC 的外接圆圆心

3. 已知点 E 在平面 ABC 上，距离 A、B 为 15 mm，求 E 点的投影（图 1.14）。

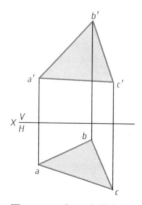

图 1.14　求 E 点的投影

4. 已知 E 到平面 ABC 的距离为 N，求 E 点的正面投影 e'（图 1.15）。

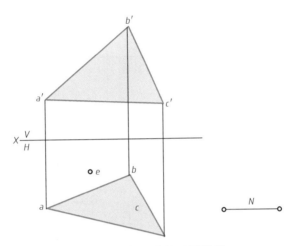

图 1.15 求 E 点的正面投影

5. 已知 $\triangle ABC$ 的两个投影，在 $\triangle ABC$ 平面内取点 K，使它到 A、B 两点等距，到 AB 边的距离为 9 mm（图 1.16）。

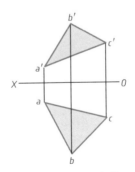

图 1.16 求 $\triangle ABC$ 内的 K 点

6. 已知等腰 $\triangle ABC$ 的底边 AB 为一水平线，高 CD 的实长为 34 mm，且点 C 在 H 面内，求 $\triangle ABC$ 的两面投影。有几解？任做一解（图 1.17）。

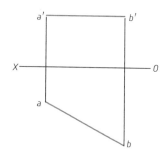

图 1.17 求 $\triangle ABC$ 的两面投影

7. 已知圆的正面投影及圆心 O 的两投影 O'、O，用换面法求作此圆的水平投影（只需作 12 个点，然后用曲线光滑连接）（图 1.18）。

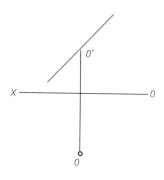

图 1.18 求作圆的水平投影

8. 以平面 *CDE* 为对称面，求与点 *A* 对称的点 *B* 的投影（图 1.19）。

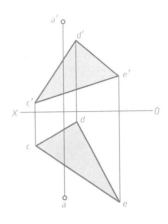

图 1.19　求与点 *A* 对称的点 *B* 的投影

9. 用换面法作一正方形，使它的一条边为 *AB*、*CD* 的公垂线，另一边在直线 *CD* 上（图 1.20）。

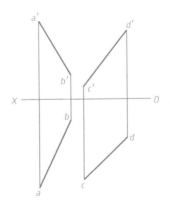

图 1.20　用换面法作一正方形

10. 判断立体倾斜部分上端面的形状，并画出其实形（图 1.21）。

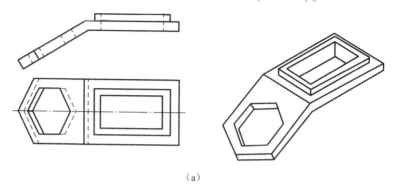

（a）

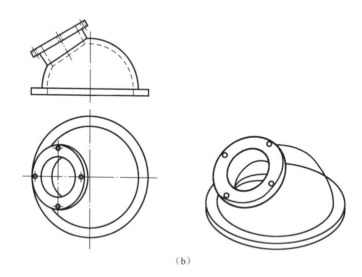

（b）

图 1.21　求作实形

1.4 自测题答案

1. 分析：当 CDE 为投影面垂直面时，与直线的距离可直接求出如图 1.22（a）所示。具体答案如图 1.22（b）所示。

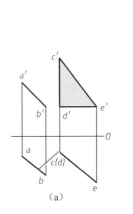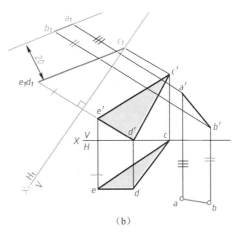

图 1.22 题 1 答案

2. 分析：△ABC 的外接圆圆心是反映实形的三角形任意两条边的垂直平分线的交点，故求出 △ABC 的实形后才能确定其位置。具体答案如图 1.23 所示。

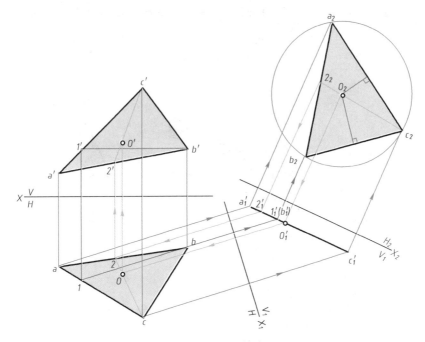

图 1.23 题 2 答案

3. 分析：只要求出平面 *ABC* 的实形，就可以在其上找到与 *A*、*B* 距离相等的两点。具体答案如图 1.24 所示。

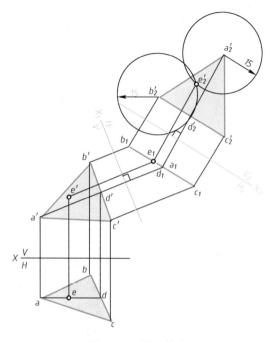

图 1.24　题 3 答案

4. 分析：当平面 *ABC* 是投影面垂直面时，点 *E* 与平面的距离可直接求出。具体答案如图 1.25 所示。

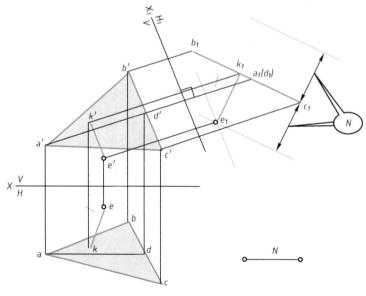

图 1.25　题 4 答案

5. 分析：只要求出 $\triangle ABC$ 的实形，到 A、B 两点等距且到 AB 边的距离为 9 mm 的 $\triangle ABC$ 平面内的点 K 就能求出。具体答案如图 1.26 所示。

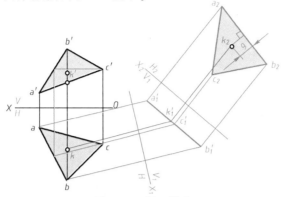

图 1.26 题 5 答案

6. 分析：当底边 AB 是投影面垂直线时，等腰 $\triangle ABC$ 底边上的高 CD 就能结合其他条件求出。本题有 2 解，具体答案如图 1.27 所示。

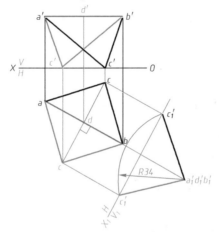

图 1.27 题 6 答案

7. 分析：通过圆的正面投影可知圆的半径，因此圆的实形可求出，然后即可求得圆的水平投影。具体答案如图 1.28 所示。

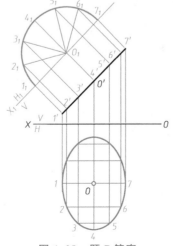

图 1.28 题 7 答案

8. 分析：当平面 *CDE* 为投影面的垂直面时，其作为对称面的条件就可以使用。具体答案如图 1.29 所示。

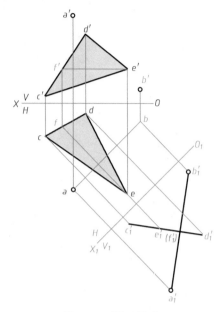

图 1.29　题 8 答案

9. 分析：当其中一条直线变换为投影面的垂直线时，两条异面直线的公垂线就可求出。具体答案如图 1.30 所示。

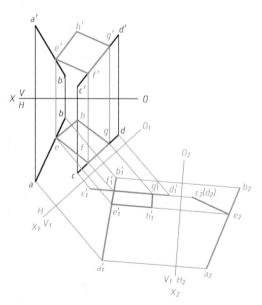

图 1.30　题 9 答案

10. 分析：立体倾斜部分上端面已经是投影面垂直面，所以将其变为投影面的平行面即可求出其实形。具体答案如图 1.31 所示。

（1）

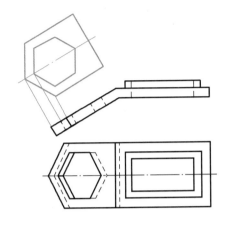

（2）

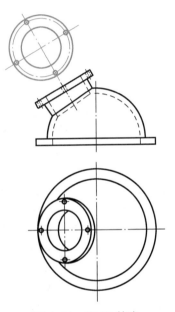

图 1.31　题 10 答案

第 2 章　立体表面的交线及轴测图

2.1　内　容　要　点

1. 截交线

平面与立体表面相交而产生的交线。

1）平面立体的截交线。

平面立体的截交线是一个平面多边形。作图时，先分析截平面的投影特性；确定截平面的形状；再根据投影特点进行作图。

2）曲面立体的截交线。

曲面立体的截交线一般情况下是一条封闭的平面曲线。作图时应先找特殊点的投影（利用投影积聚性作图），再找一般点的投影（用辅助直线、平面法作图），最后用光滑的曲线将各点依次连接即可。

（1）圆柱的截交线（见表 2.1）。

截平面与圆柱轴线的相对位置不同，截交线形状也不同：

① 当截平面与轴线平行时，截交线为矩形；

② 当截平面与轴线垂直时，截交线为圆；

③ 当截平面与轴线倾斜时，截交线为椭圆。

表 2.1　圆柱的截交线

截平面与圆柱轴线的相对位置	平　行	垂　直	倾　斜
立体图			

（2）圆锥的截交线（见表 2.2）。

截平面与圆锥轴线的相对位置不同，截交线形状也不同：

① 当截平面过锥顶时，截交线为三角形；

② 当截平面与轴线垂直时，截交线为圆；

③ 当截平面与轴线倾斜（通过所有母线）时，截交线为椭圆；

④ 当截平面与轴线倾斜（与一条母线平行）时，截交线为抛物线；

⑤ 当截平面与轴线平行（与两条母线平行）时，截交线为双曲线。

表 2.2　圆锥的截交线

截平面与圆锥轴线的相对位置	截平面过锥顶	垂直	倾斜（与母线倾斜）	倾斜（与母线平行）	平行
立体图		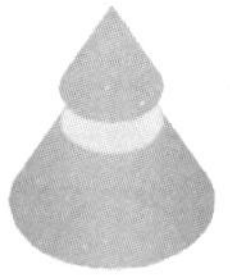			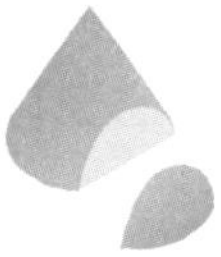

（3）球的截交线。

平面与圆球相交的截交线都是圆。根据截平面对投影面的相对位置不同：

① 当截平面与投影面平行时，截交线的投影是圆；

② 当截平面与投影面垂直时，截交线的投影是直线段；

③ 当截平面与投影面倾斜时，截交线的投影是椭圆。

2. 相贯线

两立体表面的交线。相贯线的形状取决于两立体的表面性质、大小和相对位置，可以分为以下 3 种情况：

① 如两空间形体的表面都是平面时，相贯线是一条空间折线；

② 如两空间形体的表面都是曲面，相贯线是一条空间曲线；

③ 如两空间形体的表面分别是平面和曲面时，相贯线是由几段平面曲线和折线围成的线框。

当给定两空间形体后，在多面正投影图中可以容易地画出两立体的投影，但它们的相贯线的投影并不能直接画出，通常采用辅助面法或其他方法先求出相贯线上若干点的投影。

（1）常用作图方法。

由于相贯线是两相交曲面立体表面的共有线，由一系列共有点组成。因此，求相贯线的实质是求两曲面立体表面上的一系列共有点，然后依次光滑连线，并判别可见性即可。常用作图方法为表面取点法和辅助平面法。

① 表面取点法：当两个回转体中有一个表面的投影有积聚性时，可用在曲面立体表面上取点的方法作出两立体表面上的某些共有点，这种方法称为表面取点法。

② 辅助平面法：作一组辅助平面，分别求出这些辅助平面与参加相贯的两个回转体表面的交点，这些点就是相贯线上的点。这种方法称为辅助平面法。为了作图方便，一般选特殊位置平面为辅助平面。

（2）两圆柱相对大小的变化对相贯线的影响（见表 2.3）

表 2.3　两圆柱相对大小的变化对相贯线的影响

两圆柱直径的关系	水平圆柱直径较大	两圆柱直径相等	水平圆柱直径较小
相贯线特点	上、下各一条空间曲线	两个相互垂直的椭圆	左、右各一条空间曲线
立体图	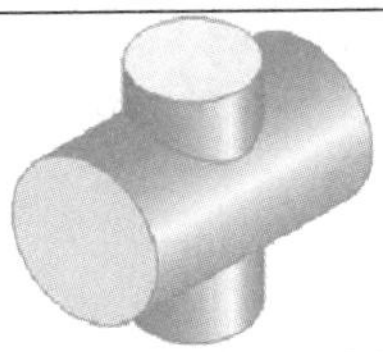	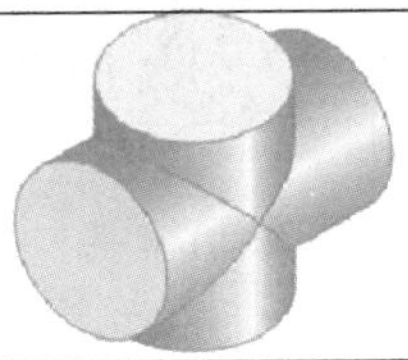	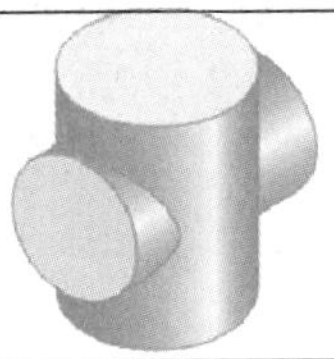

续表

两圆柱直径的关系	水平圆柱直径较大	两圆杜直径相等	水平圆柱直径较小
投影图			

（3）两圆柱相贯的三种形式（见表 2.4）。

表 2.4　两圆柱相贯的三种形式

相交形式	两外表面相交	外表面与内表面相交	两内表面相交
立体图			
投影图			

3. 轴测图

工程上常用的图样是多面正投影图，多面正投影图具有作图简单、度量性好和实形性好的优点，但缺乏立体感，必须有一定看图能力的人才能看懂。为使初学者读懂正投影图，常借助一种富有立体感的轴测投影图，弥补多面正投影图的不足，为初学者读懂正投影图提供形体分析及空间想象的思路和方法。轴测图对二维到三维，三维到二维的交融可逆的空间思维、空间想象能力的培养起到基础性作用。

2.2　典型基本例题分析

例 2.1　补画形体左视图（图 2.1）。

图 2.1　补画左视图

画图提示如图 2.2 所示。具体作图答案如图 2.3 所示。

图 2.2　画图提示

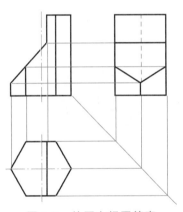

图 2.3　补画左视图答案

例 2.2　补全俯视图，并补画左视图（图 2.4）。

图 2.4　补全俯、左视图

画图提示如图 2.5 所示。具体作图答案如图 2.6 所示。

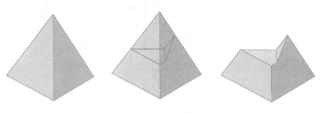

图 2.5　画图提示

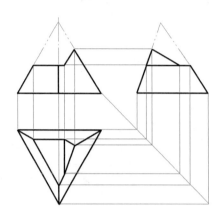

图 2.6　补画答案

例 2.3　补画形体左视图（图 2.7）。

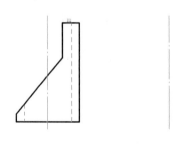

图 2.7　补画左视图

画图提示如图 2.8 所示。具体作图答案如图 2.9 所示。

图 2.8　画图提示

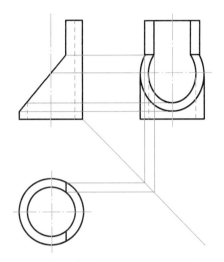

图 2.9　补画左视图答案

例 2.4　补全俯视图，补画主视图（图 2.10）。

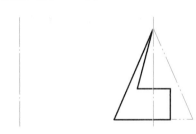

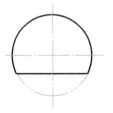

图 2.10　补全主、俯视图

画图提示如图 2.11 所示。具体作图答案如图 2.12 所示。

图 2.11　画图提示

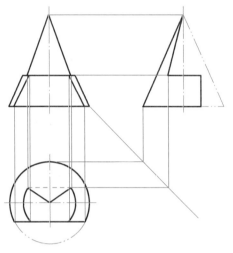

图 2.12　补全视图答案

例 2.5　补全主视图，补画左视图（图 2.13）。

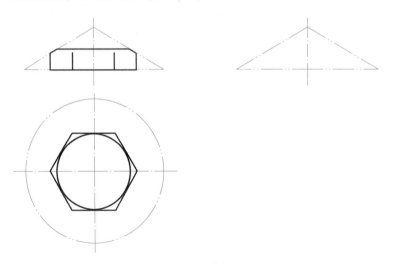

图 2.13　补全视图

画图提示如图 2.14 所示。具体作图答案如图 2.15 所示。

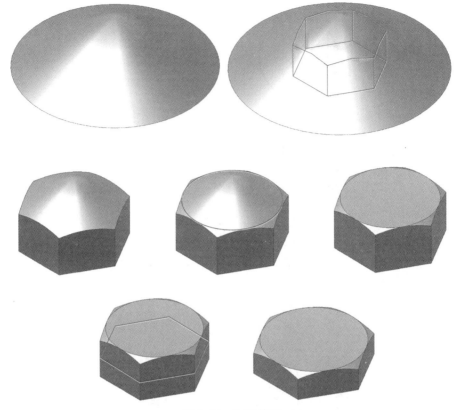

图 2.14　画图提示

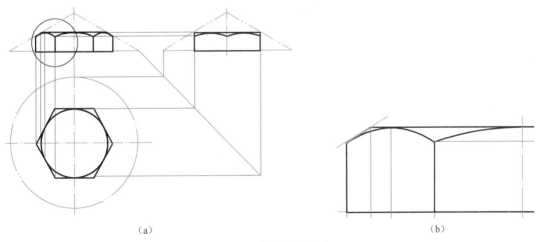

（a）　　　　　　　　　　　　　　　　　　（b）

图 2.15　补全视图答案

例 2.6 补画左视图（图 2.16）。

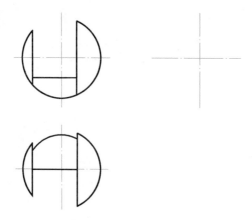

图 2.16 补画左视图

画图提示如图 2.17 所示。具体作图答案如图 2.18 所示。

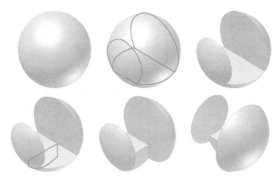

图 2.17 画图提示

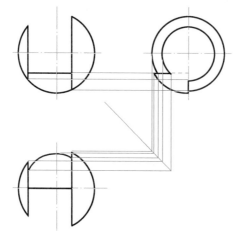

图 2.18 补全左视图答案

例 2.7　补画主视图（图 2.19）。

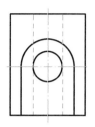

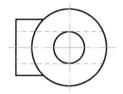

图 2.19　补画主视图

画图提示如图 2.20 所示。具体作图答案如图 2.21 所示。

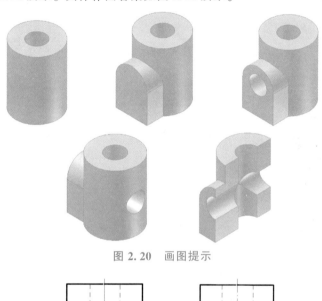

图 2.20　画图提示

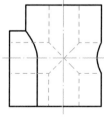
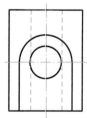

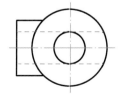

图 2.21　补画主视图答案

例 2.8　补画主视图（图 2.22）。

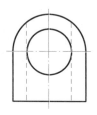

图 2.22　补画主视图

画图提示如图 2.23 所示。具体作图答案如图 2.24 所示。

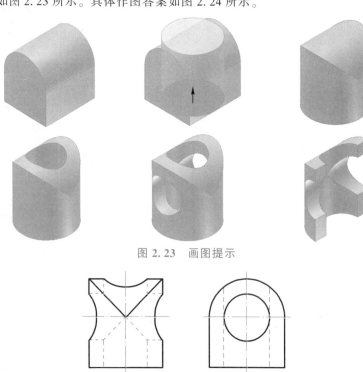

图 2.23　画图提示

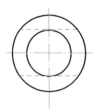

图 2.24　补画主视图的答案

例 2.9　补画左视图（图 2.25）。

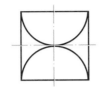

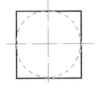

图 2.25　补画左视图

画图提示如图 2.26 所示。具体作图答案如图 2.27 所示。

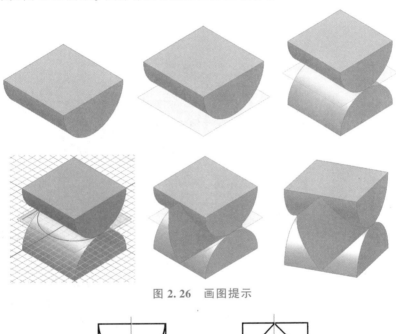

图 2.26　画图提示

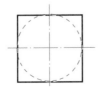

图 2.27　补全左视图答案

例 2.10　将图 2.28（a）所示三视图的左视图旋转 45°，如图 2.28（b）所示，补画旋转后的主、俯两视图。

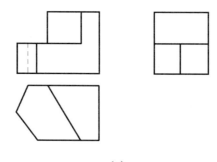

（a）

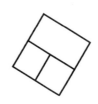

（b）

图 2.28　补画旋转后的主、俯两视图

画图提示如图 2.29 和图 2.30 所示。具体作图答案如图 2.31 所示。

 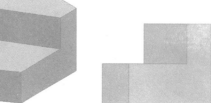

图 2.29　形体形成过程　　　　　　　图 2.30　旋转前后的对比

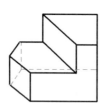

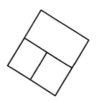

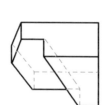

图 2.31　补全视图答案

例 2.11 采用"坐标法"画出图 2.32（a）所示正六棱柱的正等测图。

提示：坐标法是根据物体的形状特点，沿轴测轴方向进行测量，确定物体上关键点（如棱线的顶点、对称轴线上的点）的轴测投影，然后将必要的关键点的轴测投影连接起来形成轴测图。

作图步骤如下：

（1）建立坐标系，画轴测轴。将顶面中心取作坐标原点 O_1，取顶面对称中心线为轴测轴 O_1X_1、O_1Y_1，如图 2.32（b）所示；

（2）顶面取点。在 O_1X_1 上截取六边形对角线长度得 A、D 两点，在 O_1Y_1 轴上截取 1、2 两点，如图 2.32（c）所示；

（3）完成顶面轴测图。分别过两点 1、2 作平行线 $BC//EF//O_1X_1$ 轴，使 $BC = EF$ 且等于六边形的边长，连接 A、B、C、D、E、F 各点，得六棱柱顶面的正等测图，如图 2.32（d）所示；

（4）画底面轴测图。过顶面各顶点向下作平行于 O_1Z_1 轴的各条棱线，使其长度等于六棱柱的高，如图 2.32（e）所示；

（5）完成轴测图。画出底面，去掉多余线，加深整理后得到六棱柱的正等轴测图，如图 2.32（f）所示。

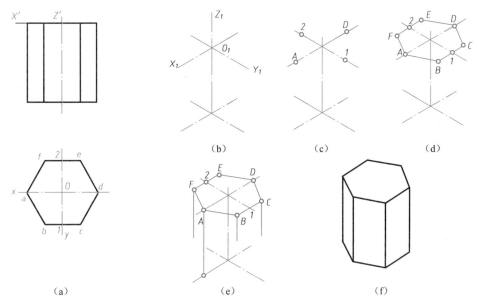

图 2.32 六棱柱正等轴测图的画图步骤

例 2.12 采用"切割法"画出图 2.33（a）所示物体的正等轴测图。

提示：切割法，对于不完整的基本几何形体，作轴测图时，需先作出完整形体的轴测图，再根据形体的特点定出坐标，将多余部分切去。

作图步骤如下：

（1）选定坐标原点并画轴测轴，根据 a、b、c 尺寸画出完整的长方体，如图 2.33（b）所示；

（2）根据 d、e、f 尺寸切去楔形块，如图 2.33（c）所示；

（3）根据 g、k 尺寸切去四棱柱，如图 2.33（d）所示；

（4）去掉多余线，整理加深后得到正等测图，如图 2.33（e）所示。

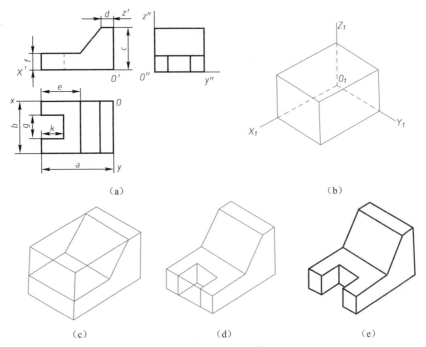

图 2.33　切割法画正等测图

例 2.13　采用"菱形四心法"画平行于坐标面的圆的正等测投影。

提示：为简化作图，椭圆常采用四段圆弧连接的近似画法。由于这四段圆弧的四个圆心是根据椭圆的外切菱形求得的，因此这种近似画法也称为菱形四心法。如图 2.34 所示，以平行于 $X_1O_1Y_1$ 坐标面的圆的正等测投影为例，说明这种近似画法。

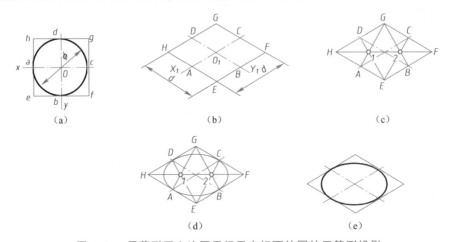

图 2.34　用菱形四心法画平行于坐标面的圆的正等测投影

作图步骤如下：

（1）建立坐标系。以圆心 O 为坐标原点，两中心线为坐标轴 OX、OY，如图 2.34（a）所示；

（2）作菱形。画轴测轴 O_1X_1、O_1Y_1，以圆的直径为菱形的边长，作出其邻边，分别平行于相应的轴测轴得菱形 $EFGH$，如图 2.34（b）所示；

（3）确定四圆心。菱形两钝角的顶点 *E*、*G* 和其两对边中点的连线，与长对角线交于 1、2 两点；*E*、*G*、1、2 即为四个圆心，如图 2.34（c）所示；

（4）画椭圆弧。分别以 *E*、*G* 为圆心，以 *ED* 为半径画大圆弧 $\overset{\frown}{DC}$ 和 $\overset{\frown}{AB}$；分别以 1、2 为圆心，以 1*D* 为半径，画小圆弧 $\overset{\frown}{DA}$ 和 $\overset{\frown}{BC}$，如图 2.34（d）所示；

（5）完成作图。去除多余线，加深整理后得圆的正等测图，如图 2.34（e）所示。

例 2.14　图 2.35（a）所示为截切圆柱体，画出该圆柱体的正等轴测图。

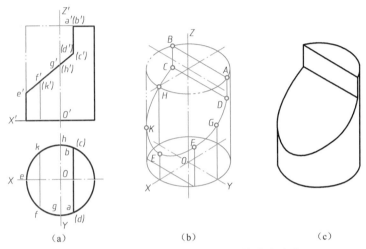

（a）　　　　　　　　　　（b）　　　　　　　　　　（c）

图 2.35　截切圆柱体正等轴测图的作图步骤

作图步骤如下：

（1）画轴测轴，首先画出完整的圆柱；

（2）在圆柱的轴测图上，定出截平面 *P* 的位置，得到所截矩形 *ABCD*；

（3）按坐标关系定出各点 *C*、*H*、*K*、*E*、*F*、*G*、*D*，光滑连接成部分椭圆；

（4）去掉作图线及不可见线，加深可见轮廓线后，即为所求轴测图。

例 2.15　已知底板的正面投影和水平投影如图 2.36（a）所示，画出该底板的正等轴测图。

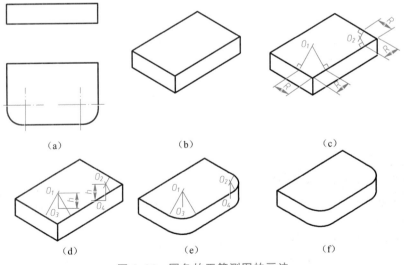

（a）　　　　　　　　（b）　　　　　　　　（c）

（d）　　　　　　　　（e）　　　　　　　　（f）

图 2.36　圆角的正等测图的画法

提示：底板圆角相当于四分之一整圆，根据椭圆的近似画法，可以看出菱形的钝角与大圆弧相对，锐角与小圆弧相对。

具体作图步骤如下：

（1）根据图 2.36（a）作长方体的正等测图，如图 2.36（b）所示；

（2）由角顶开始，在夹角边上量取圆角半径 R，得出切点，过切点分别作两条夹角边的垂线，垂线交点分别为两圆弧的圆心 O_1、O_2，如图 2.36（c）所示；

（3）过圆心 O_1、O_2，向下作垂直距离 h（板厚），得底板底面圆角的两圆心 O_3、O_4，如图 2.36（d）所示；

（4）以 O_1、O_2、O_3、O_4 为圆心，圆心到切点距离为半径画圆弧，作上下圆弧的外公切线，如图 2.36（e）所示；

（5）去掉多余线，整理加深后得到底板的正等测图，如图 2.36（f）所示。

例 2.16　已知组合体的正面投影和水平投影如图 2.37（a）所示，画出其正等轴测图。

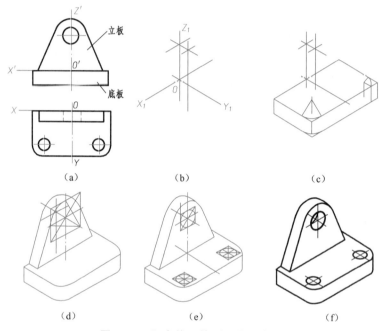

（a）　　　　　　　（b）　　　　　　　（c）

（d）　　　　　　　（e）　　　　　　　（f）

图 2.37　组合体正等测图作图步骤

作图步骤如下：

（1）形体分析。组合体由底板 1、立板 2 叠加而成，底板上有左、右对称的两圆角和圆孔。立板的顶部是圆柱面，两侧的斜面与圆柱面相切，中间有一圆柱通孔，因支架左右对称，取底板上表面后边的中点为坐标原点，如图 2.37（a）所示；

（2）建立轴测轴。由底板的后表面确定立板上前、后端面孔的圆心位置，如图 2.37（b）所示；

（3）画底板的轴测图，如图 2.37（c）所示；

（4）画立板的轴测图。先画立板顶部圆柱面的正等测图，后作两侧面与椭圆的切线，如图 2.37（d）所示。

（5）画出底板和立板上圆柱孔的正等轴测图，如图 2.37（e）所示；

（6）去掉多余线，整理加深后得支架的正等测图，如图 2.37（f）所示；

例 2.17　已知组合体的三视图如图 2.38（a）所示，画出其正等轴测图。

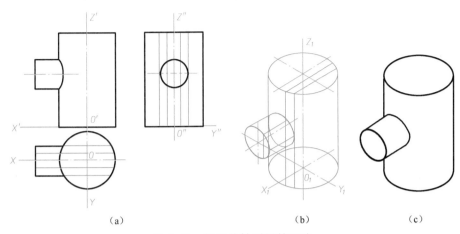

（a）　　　　　　　　　　（b）　　　　　　　　（c）

图 2.38　相贯线轴测图的画法

提示：组合体上的交线主要是指组合体表面上的截交线和相贯线。画组合体轴测图上的交线有两种方法，即：

坐标法：根据三视图中截交线和相贯线上点的坐标，画出截交线和相贯线上各点的轴测图，然后用曲线板光滑连接。

辅助面法：根据组合体的几何性质直接作出轴测图，如同在三视图中用辅助面法求截交线和相贯线的方法一样。为了便于作图，辅助面应取平面，并尽量使其与各形体的截交线为直线。

作图步骤如下：

（1）画轴测轴。将两个圆柱按正投影图所给定的相对位置画出其轴测图；

（2）用辅助面法求所作轴测图上的相贯线。首先在正投影图中作一系列辅助面，然后在轴测图上作出相应的辅助面，分别得到辅助交线，辅助交线的交点即为相贯线上的点，连接各点即为相贯线，如图 2.38（b）所示；

（3）去掉多余线，整理加深后完成全图，如图 2.38（c）所示。

例 2.18　已知组合体的主、俯视图，画出其轴测剖视图。

提示：先画外形，后作剖视。

步骤如下：先画出物体完整的轴测图，然后沿轴测轴用剖切面剖开，画出断面和内部看得见的结构形状，最后将被剖切掉的 1/4 部分轮廓擦掉，再补画出剖面线，如图 2.39 所示。

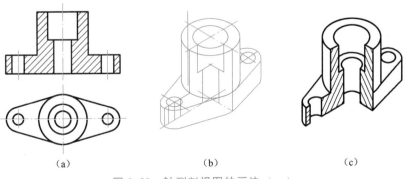

（a）　　　　　　　　　　（b）　　　　　　　　　　（c）

图 2.39　轴测剖视图的画法（一）

例 2.19　已知组合体的主、左视图，画出其轴测剖视图。

提示：先画截断面，后画外形。

步骤如下：先画出截断面的形状，然后画出外形和内部看得见的结构，如图 2.40 所示。

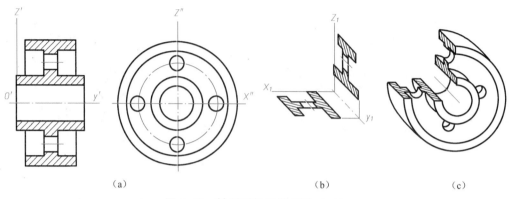

（a）　　　　　　　　　　　　　　　（b）　　　　　　　　　（c）

图 2.40　轴测剖视图的画法（二）

2.3　自　测　题

一、选择题

1. 正确的左视图是（　　　）。

A　　　　　　B　　　　　　C　　　　　　D

2. 正确的左视图是（　　　）。

A　　　　　　B　　　　　　C　　　　　　D

3. 正确的俯视图是（　　　）。

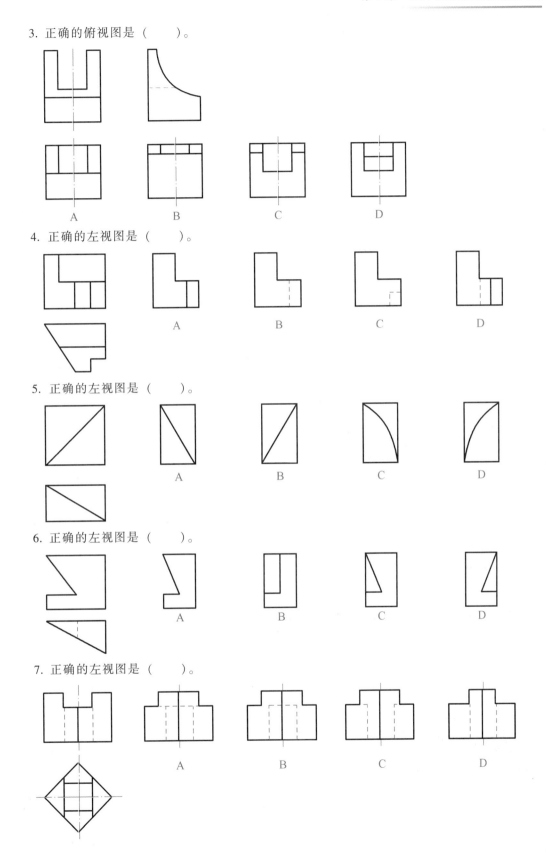

4. 正确的左视图是（　　　）。

5. 正确的左视图是（　　　）。

6. 正确的左视图是（　　　）。

7. 正确的左视图是（　　　）。

8. 正确的左视图是（　　　）。

9. 正确的左视图是（　　　）。

10. 正确的俯视图是（　　　）。

11. 正确的俯视图是（　　　）。

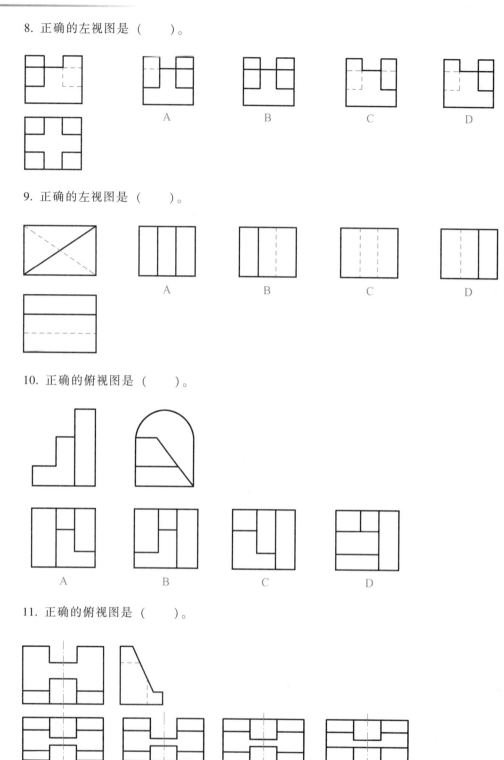

12. 正确的左视图是（   ）。

A   B   C   D

13. 正确的左视图是（   ）。

A   B   C   D

14. 正确的左视图是（   ）。

A   B   C   D

15. 正确的左视图是（   ）。

A   B   C   D

16. 正确的左视图是（　　　　）。

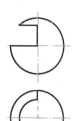　　　　　　　　

　　　　　　　A　　　　　　　B　　　　　　　C　　　　　　　D

17. 正确的左视图是（　　　　）。

　　　　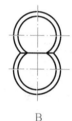　　　　

　　　　　　　A　　　　　　　B　　　　　　　C　　　　　　　D

18. 正确的左视图是（　　　　）。

　　　　　　　A　　　　　　　B　　　　　　　C　　　　　　　D

19. 正确的左视图是（　　　　）。

　　　　　　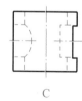　　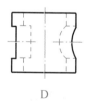

　　　　　　　A　　　　　　　B　　　　　　　C　　　　　　　D

20. 正确的左视图是（　　　）。

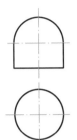

　　　　　　　　A　　　　　　　B　　　　　　　C　　　　　　　D

21. 正确的左视图是（　　　）。

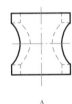

　　　　　　　　A　　　　　　　B　　　　　　　C　　　　　　　D

22. 正确的左视图是（　　　）。

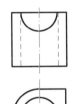
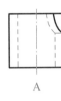

　　　　　　　　A　　　　　　　B　　　　　　　C　　　　　　　D

23. 正确的左视图是（　　　）。

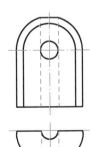
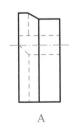
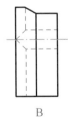
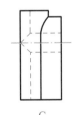
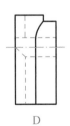

　　　　　　　　A　　　　　　　B　　　　　　　C　　　　　　　D

二、由两个视图补画第三个视图。

1. 补画左视图。

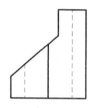

2. 补画左视图。

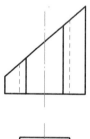

3. 画出主视图。

4. 画出主视图。

5. 补画俯视图。

6. 补画俯视图。

7. 补画俯视图。

8. 补画左视图。

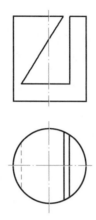

9. 补画左视图。

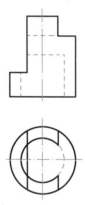

10. 补画左视图。

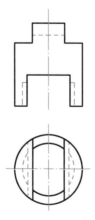

11. 补画左视图。

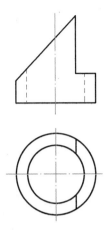

12. 补画左视图。

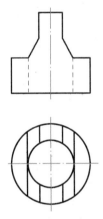

13. 补画左视图。

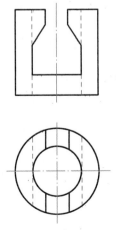

14. 补画左视图。

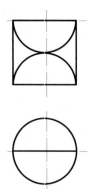

15. 补画俯视图。

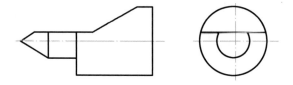

16. 补画左视图。

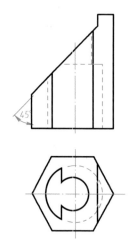

17. 补画左视图

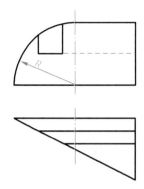

18. 补画虎克接头中间连接轴的俯视图。

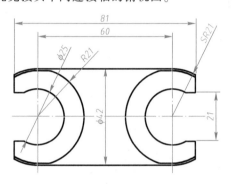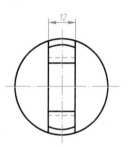

19. 补画主视图。

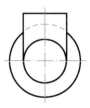

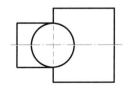

20. 补画左视图。

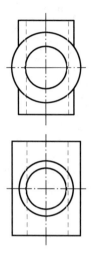

21. 补画主视图。

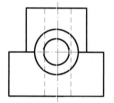

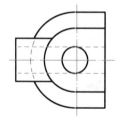

22. 补画主视图。

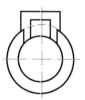

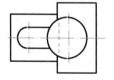

23. 补画主视图。

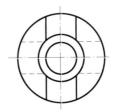

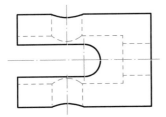

24. 补画左视图。

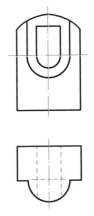

25. 补全半球的俯视图，补画左视图。

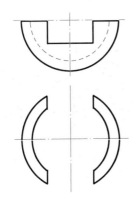

26. 补画球的俯视图和左视图。

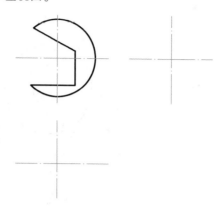

2.4 自测题答案及立体图提示

一、B D C B（AB） C C D C B A（CD） A C D D C A B A C C B

二、

1.

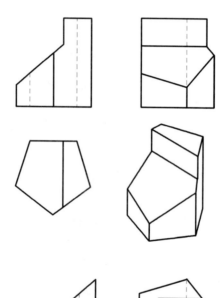

2.

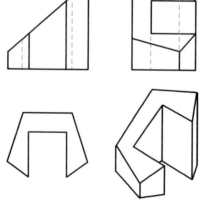

3.

4.

5.

6.

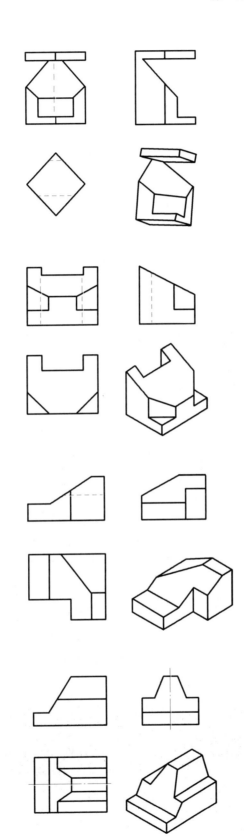

7.

8.

9.

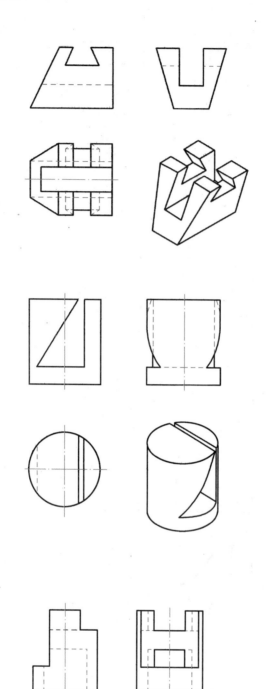

10.

11.

12.

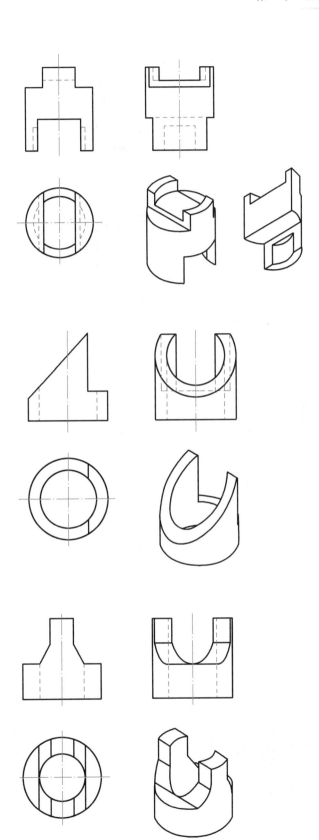

13.

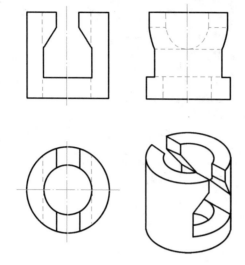

14.

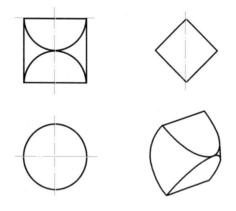

15.

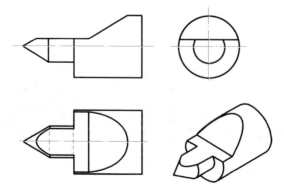

16.

17.

18.

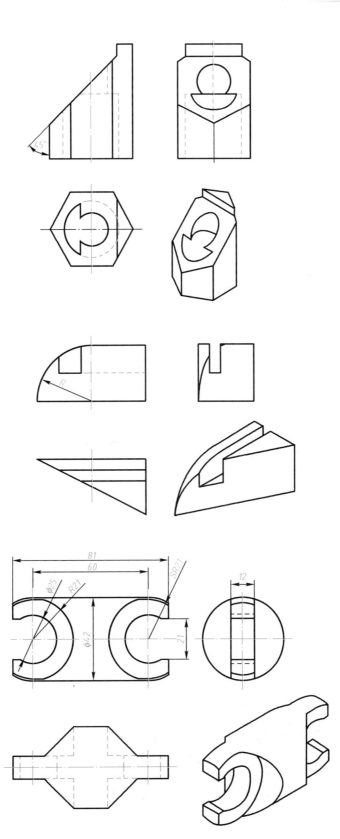

19.

20.

21.

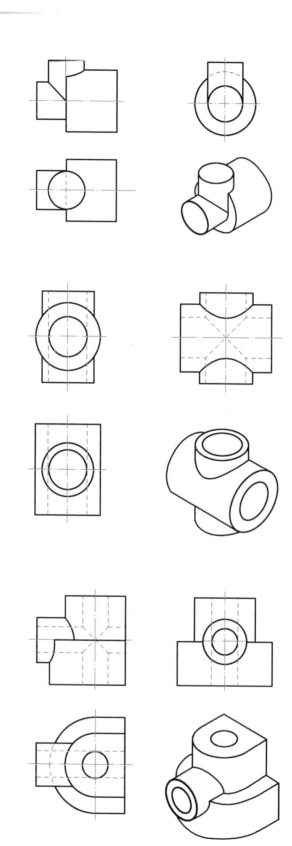

22.

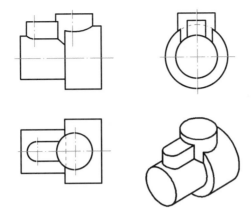

23.

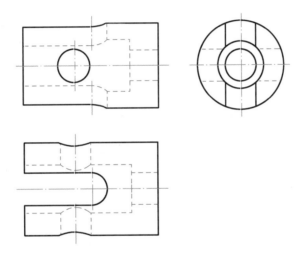

24.

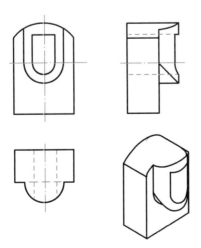

25.

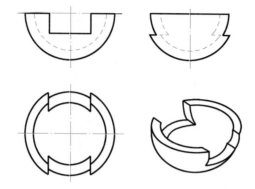

26.

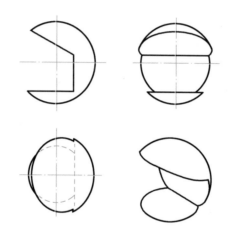

第3章 组 合 体

3.1 内 容 要 点

1. 组合体：由基本形体经过叠加、切割等方式而得到的形体称为组合体。

2. 组合体的组合形式：叠加、切割。

3. 组合体相邻表面的连接方式：平齐、相交、相切、相错。

4. 绘图和读图能力：能够运用形体分析法和线面分析法绘制和阅读组合体的视图。

（1）形体分析法：为了正确而迅速地绘制和阅读组合体的视图，常把组合体假想分解为若干基本形体或组成部分，然后一一弄清它们的形状、相对位置及连接方式，这种思考和分析的方法称为形体分析法。

（2）线面分析法：把组合体分解成若干个面，根据线、面的投影特点，逐个分析各个面的形状、面与面的相对位置关系，以及各交线的性质，从而想象出组合体的形状。

3.2 典型基本例题分析

例 3.1 已知组合体的轴测图（图 3.1），求作组合体的三视图。

图 3.1 组合体的轴测图

分析：该组合体共包括 3 部分，组合形成主要通过叠加形成，其建模步骤如图 3.2 所示。

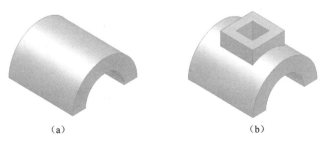

（a）   （b）

图 3.2 组合体的建模步骤

（c）　　　　　　　　　　　　　　（d）

图 3.2　组合体的建模步骤（续）

绘图步骤：如图 3.3 所示。

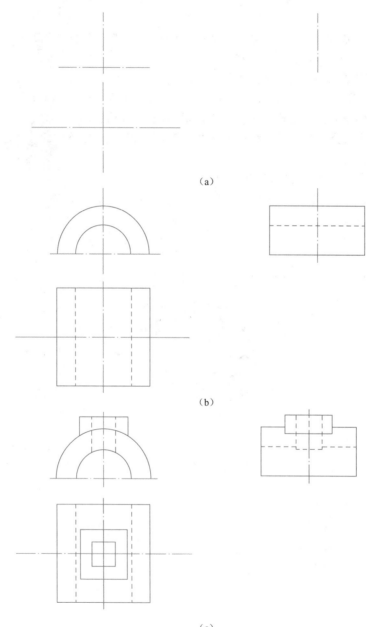

（a）

（b）

（c）

图 3.3　组合体的绘图步骤

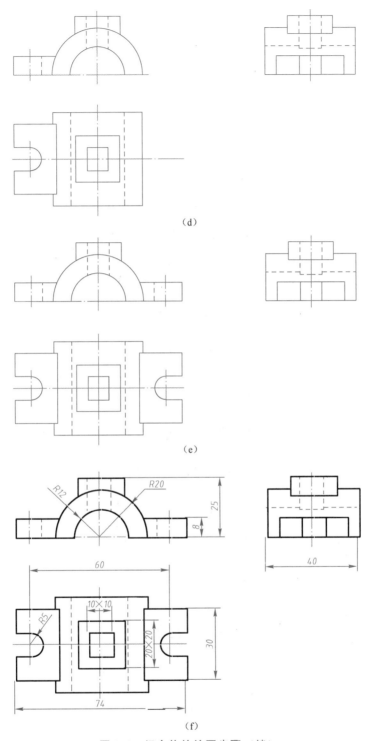

图 3.3 组合体的绘图步骤（续）

例 3.2 已知组合体的主、左两个视图（图 3.4），求作组合体的俯视图。

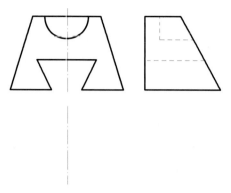

图 3.4　求作组合体的俯视图

分析：该组合体主要通过 4 次切割得到，其建模步骤如图 3.5 所示。

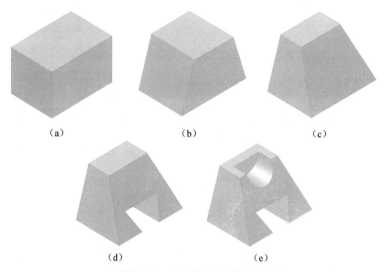

（a）　　　　　　　　（b）　　　　　　　　（c）

（d）　　　　　　　（e）

图 3.5　组合体的建模步骤

绘图步骤：如图 3.6 所示。

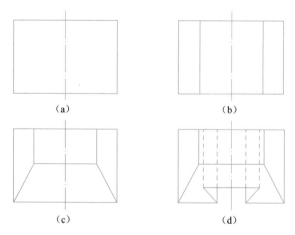

（a）　　　　　　　　　　　　（b）

（c）　　　　　　　　　　　　（d）

图 3.6　组合体的绘图步骤

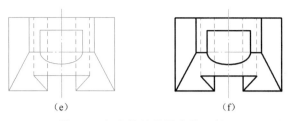

图 3.6　组合体的绘图步骤（续）

例 3.3　已知组合体的主、俯两个视图（图 3.7），求作组合体的左视图。

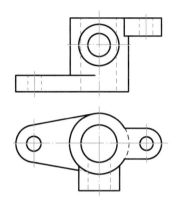

图 3.7　求作组合体的左视图

分析：该组合体共包含 4 部分，其建模步骤如图 3.8 所示。

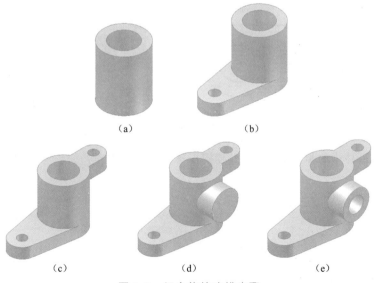

图 3.8　组合体的建模步骤

绘图步骤：如图 3.9 所示。

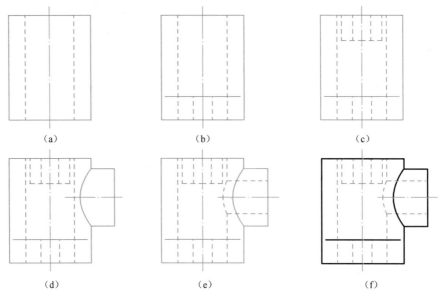

（a）　　　　　　　　（b）　　　　　　　　（c）

（d）　　　　　　　　（e）　　　　　　　　（f）

图 3.9　组合体的绘图步骤

例 3.4　已知组合体的主、俯两个视图（图 3.10），求作组合体的左视图。

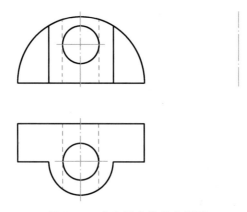

图 3.10　求作组合体的左视图

分析：该组合体中的相贯线较难，其建模步骤如图 3.11 所示。

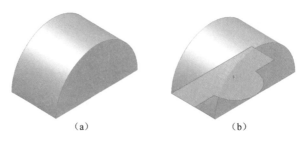

（a）　　　　　　　　　　　　（b）

图 3.11　组合体的建模步骤

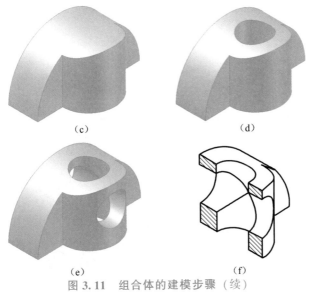

图 3.11　组合体的建模步骤（续）

绘图步骤：如图 3.12 所示。

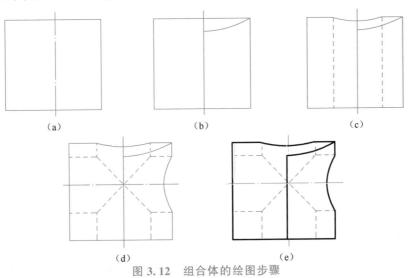

图 3.12　组合体的绘图步骤

例 3.5　已知组合体的主、俯两个视图（图 3.13），求作组合体的左视图。

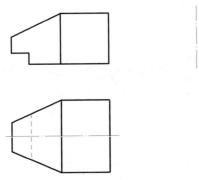

图 3.13　求作组合体的左视图

分析（方法1）：该组合体中的建模步骤如图 3.14 所示。

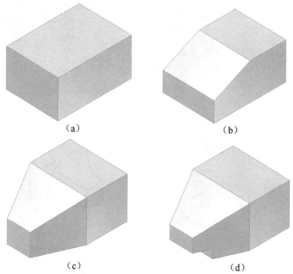

（a）　　　　　　　　　　　　（b）

（c）　　　　　　　　　　　　（d）

图 3.14　组合体的建模步骤

绘图步骤（方法1）：如图 3.15 所示。

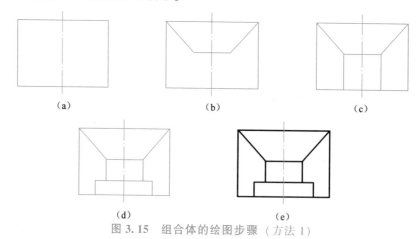

（a）　　　　　　　（b）　　　　　　　（c）

（d）　　　　　　　（e）

图 3.15　组合体的绘图步骤（方法1）

分析（方法2）：P 面是正垂面，Q 面是铅垂面，如图 3.16 所示。

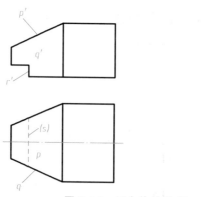

图 3.16　组合体的分析

绘图步骤（方法 2）：如图 3.17 所示。

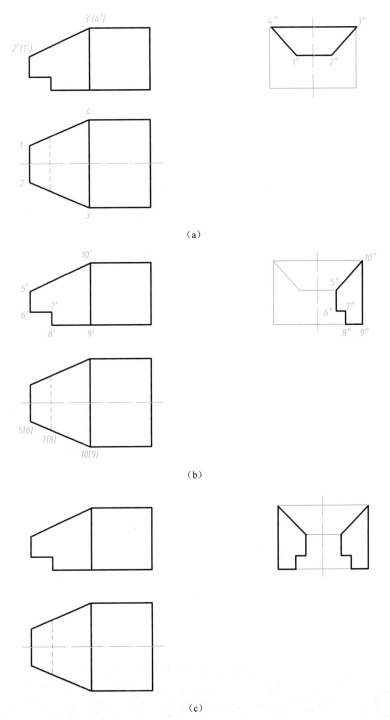

（a）

（b）

（c）

图 3.17　组合体的绘图步骤（方法 2）

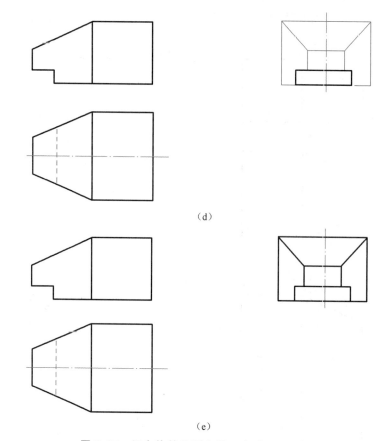

（d）

（e）

图 3.17 组合体的绘图步骤（方法 2）（续）

例 3.6 已知组合体的主、俯两个视图（图 3.18），求作组合体的左视图。

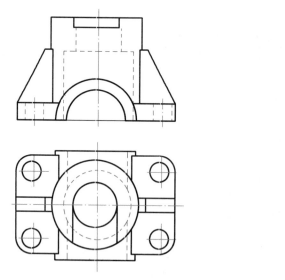

图 3.18 求作组合体的左视图

分析：该组合体中的建模步骤如图 3.19 所示，形体的内部结构如图 3.20 所示。

图 3.19　组合体的建模步骤

图 3.20　想像出形体的内部结构

绘图步骤：如图 3.21 所示。

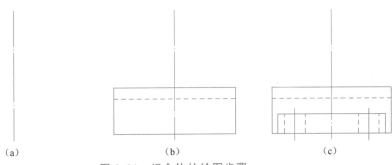

图 3.21　组合体的绘图步骤

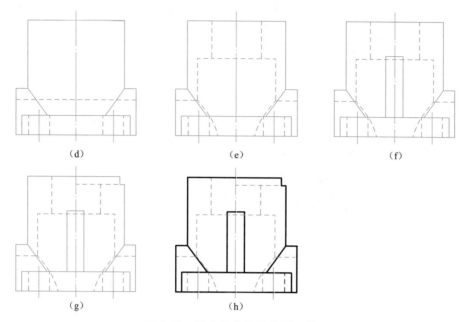

（d）　　　　　　　　　　（e）　　　　　　　　　　（f）

（g）　　　　　　　　　　（h）

图 3.21　组合体的绘图步骤（续）

例 3.7　已知主、俯两个视图（图 3.22），补画出三个不同形状的左视图（本题有多解，只需完成三个）。

图 3.22　求作组合体的左视图

分析：该平面立体有多种形式，如图 3.23 所示。

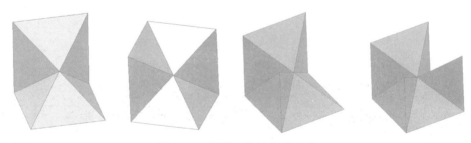

图 3.23　平面立体的多种形式

3 种左视图的答案如图 3.24 所示。

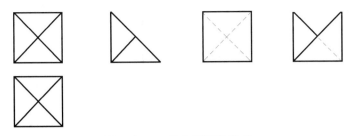

图 3.24　三种左视图的答案

3.3　自　测　题

1. 补画左视图。

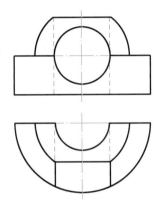

2. 补画左视图。

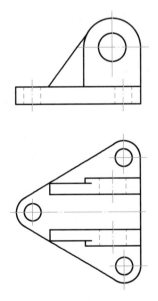

3. 补画俯视图。

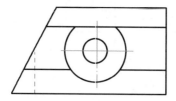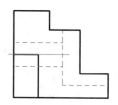

4. 补画左视图。

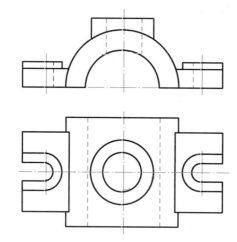

5. 补画主视图。

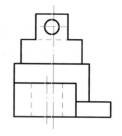

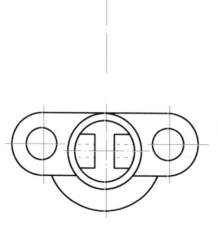

6. 补画左视图。

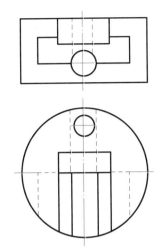

7. 补画左视图。

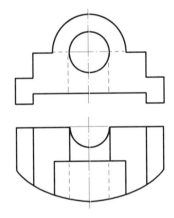

8. 补画左视图。

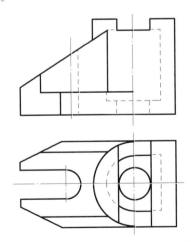

9. 补画左视图。

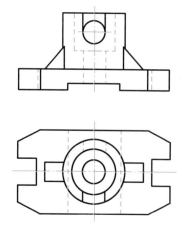

10. 补画左视图。

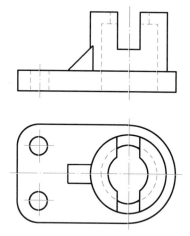

11. 补画左视图。

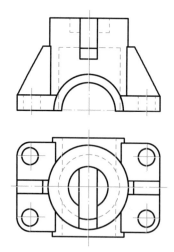

12. 补画左视图。

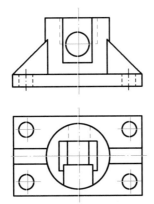

13. 补画左视图。

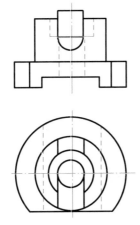

14. 补画左视图。

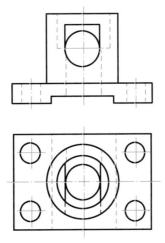

3.4 自测题答案及立体图提示

1.

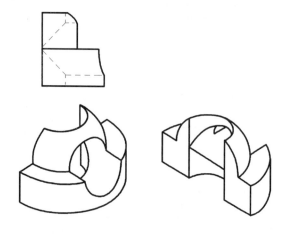

2.

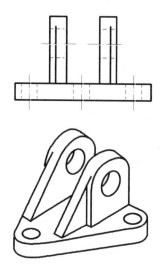

3.

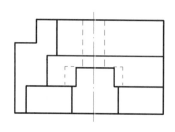 

4.

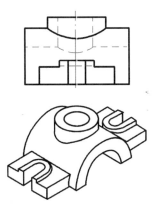

5.

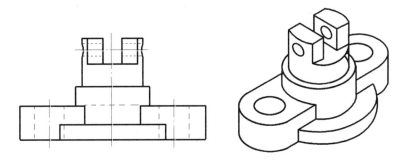

6.

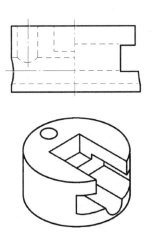

7.

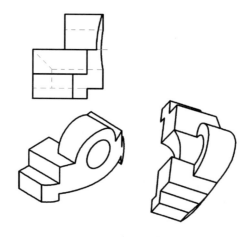

8.

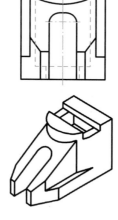

9.

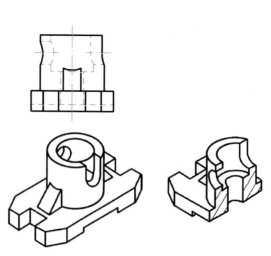

10.

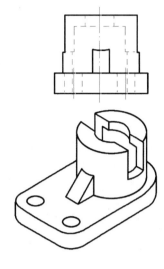

11.

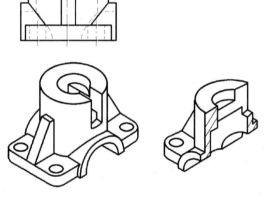

12.

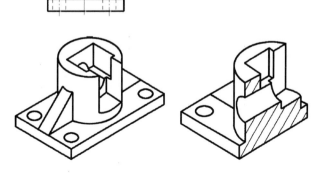

13.

14.

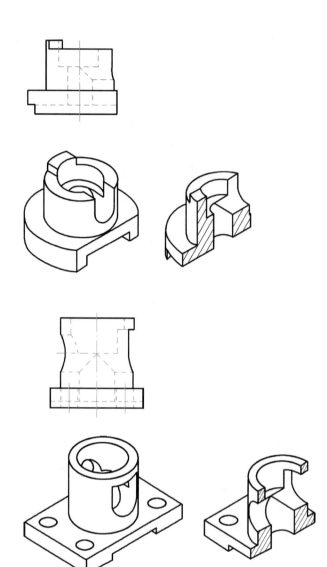

第4章 构形设计

4.1 内容要点

1. 组合体的构形设计。

根据已知条件，构思组合体的形状、大小并表达成图的过程称为组合体的构形设计。组合体的构形设计能把空间想象、构思形体和形体表达三者结合起来。这不仅能促进画图、读图能力的提高，还能发展空间想象力，同时在构形设计中还有利于发挥构思者的创造性。

2. 组合体的构形原则。

（1）以基本几何体构形为主；

（2）多样、新颖、独特；

（3）体现稳定、平衡、动、静等造型艺术法则；

（4）构成实体和便于成型。

① 两个形体组合时，不能出现线接触和面连接。

② 一般采用平面或回转面曲面造型，没有特殊需要不用其他曲面。

③ 封闭的内腔不便于成型，一般不要采用。

3. 组合体的构形设计方法主要有以下两种：

（1）通过表面的凹凸、正斜、平曲的联想构思组合体；

（2）通过基本体和它们之间组合方式的联想构思组合体。

4. 评价思维发散水平有以下三个指标：

（1）发散度指构思出对象的数量；

（2）变通度指构思出对象的类别；

（3）新异度指构思出对象的新颖、独特程度。

若构思出的组合体全是简单的叠加体，即使数量很多，可能发散思维的水平也不会太高，只有在提高思维的变通度上下功夫，才有可能构想出新颖、独特的组合体。

4.2 典型基本例题分析

例4.1　在阳光下将组合体不同摆置，落到地面（平面）上的三个影子如图4.1所示。构思该组合体的形状，并作出三视图。如有多解，做出其中两解。

分析：要注意图4.1给出的是"影子"，而不是"投影"。因此题目有多解，图4.2为构思所得两种情况的三视图。

例4.2　已知形体的主、俯视图（图4.3），构思两种不同情况的形体，画出其左视图。

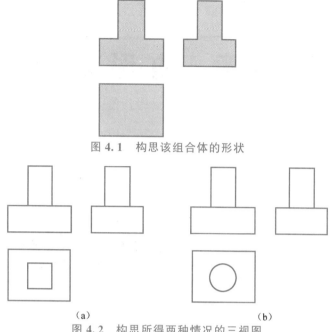

图 4.1　构思该组合体的形状

（a）　　　　　　　　　　　　　　（b）

图 4.2　构思所得两种情况的三视图

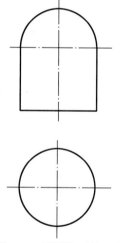

图 4.3　需要构形的形体

分析：一种可以认为是半球和圆柱同轴相贯的情况；一种可以认为是圆柱和半圆柱等径相贯的情况，如图 4.4 所示。

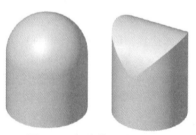

图 4.4　两种情况的立体图

补画结果如图 4.5 所示。

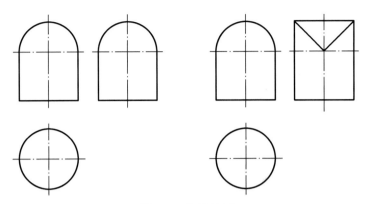

图 4.5 构形结果

例 4.3 已知主、俯视图（图 4.6），补画左视图和轴测图（给出六种答案）。

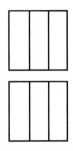

图 4.6 已知主、俯视图

分析：主视图和俯视图各有三个线框，对应有三个基本体。基本体和组合体的形状如图 4.7 所示。

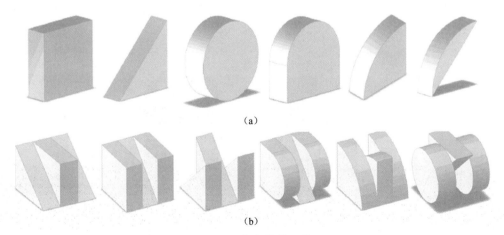

（a）

（b）

图 4.7 基本体的形状

补画结果如图 4.8 所示。

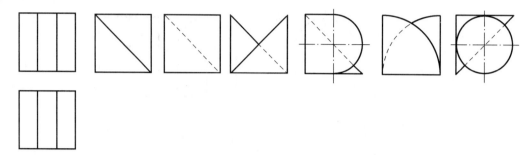

图 4.8 补画结果

例 4.4 根据已知的一组三视图表达的组合体（图 4.9），构思并设计另一组三视图表达一个与之嵌合的组合形体，要求新构思的形体与原形体的主视图和俯视图相同。

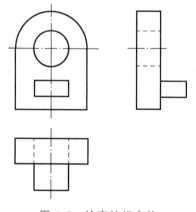

图 4.9 给定的组合体

分析：要求新构思的形体与原形体的主视图和俯视图相同，两者互相嵌合，所以它们的特征结构互补，如图 4.10 所示。

图 4.10 两种形体

补画结果如图 4.11 所示。

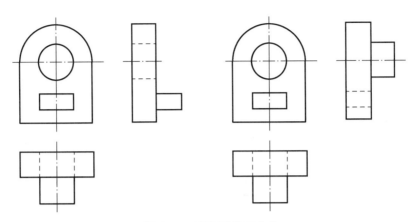

图 4.11　新构形的组合体

4.3　自　测　题

1. 在阳光下将组合体不同摆置，落到地面（平面）上的三个影子如图 4.12 所示。构思该组合体的形状，并作出三视图。如有多解，做出其中两解。

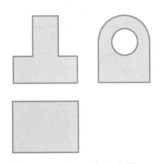

图 4.12　形体的三个影子

2. 根据已知形状相同且互为倒置的两个视图（主视图和左视图），如图 4.13 所示，构思并设计 3 种不同形状的组合体。

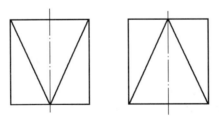

图 4.13　补画 3 种不同形状的组合体

3. 已知形体的主、俯视图（图 4.14），补画其左视图和轴测图（给出 3 种答案）。

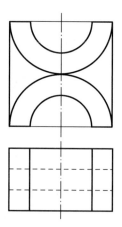

图 4.14　补画左视图和轴测图

4. 根据给出的构形要素,设计出另一形体(用三视图表达),使其与已知形体(图 4.15)拼合成完整的圆柱体。

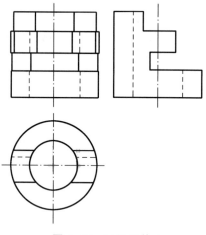

图 4.15　已知形体

5. 根据已知形状相同的两个视图(图 4.16),构思并设计与之形状相同的另一个视图,表达多种不同形状的组合形体。

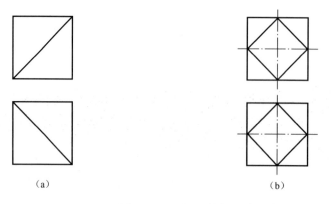

（a）　　　　　　　　　　　　　（b）

图 4.16　已知形状相同的两个视图

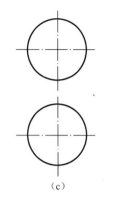 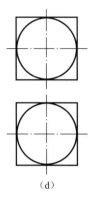

（c） （d）

图 4.16 已知形状相同的两个视图（续）

6. 根据形体的三视图（图 4.17），画出 4 种不同形体的轴测图。

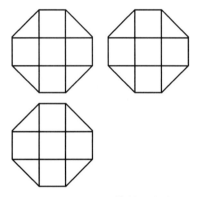

图 4.17 已知形体的三视图

7. 根据形体的主视图和俯视图（图 4.18），补画其左视图。

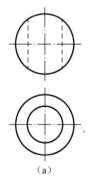 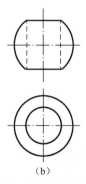 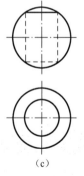

（a） （b） （c）

图 4.18 已知形体的两个视图

8. 根据形体的主视图和俯视图（图 4.19），补画其左视图。

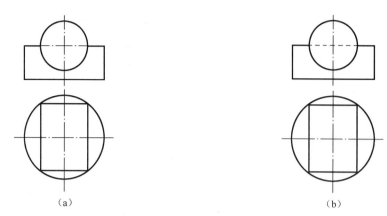

（a）　　　　　　　　　（b）

图 4.19　已知形体的主视图和俯视图

9. 已知主、俯视图（图 4.20），补画左视图（给出五种答案）。

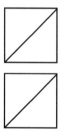

图 4.20　已知形体的主视图和俯视图

10. 根据形体的主视图和俯视图（图 4.21），补画其左视图。

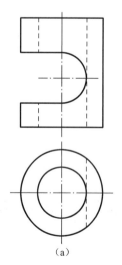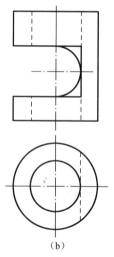

（a）　　　　　　　　　（b）

图 4.21　已知形体的主视图和俯视图

4.4　自测题答案及立体图提示

1.

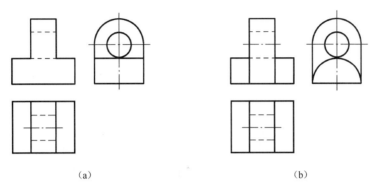

（a）　　　　　　　　　　　　　　　　（b）

图 4.22　题 1 答案及立体图提示

2.

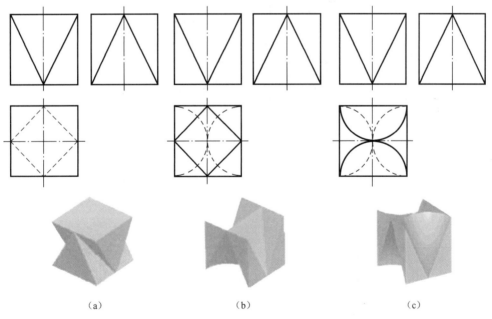

（a）　　　　　　　　（b）　　　　　　　　（c）

图 4.23　题 2 答案及立体图提示

3.

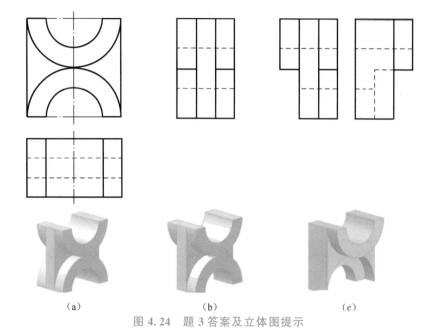

（a）　　　　　　　　（b）　　　　　　　　（c）

图 4.24　题 3 答案及立体图提示

4.

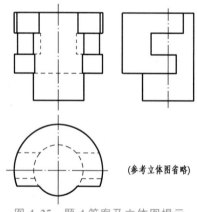

(参考立体图省略)

图 4.25　题 4 答案及立体图提示

5.

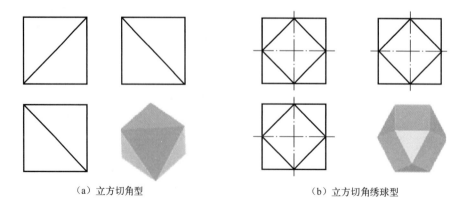

（a）立方切角型　　　　　　　　　　　　（b）立方切角绣球型

图 4.26　题 5 答案及立体图提示

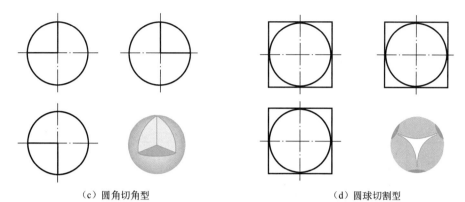

（c）圆角切角型　　　　　　　　　　　（d）圆球切割型

图 4.26　题 5 答案及立体图提示（续）

6.

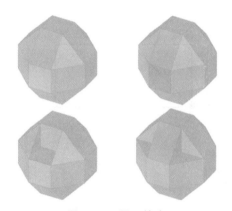

图 4.27　题 6 答案

7.

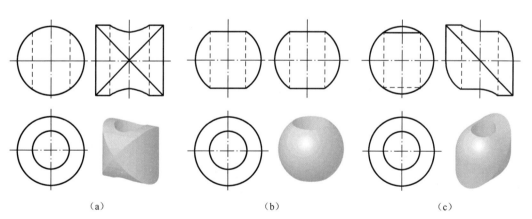

（a）　　　　　　　　　　　（b）　　　　　　　　　　　（c）

图 4.28　题 7 答案及立体图提示

8.

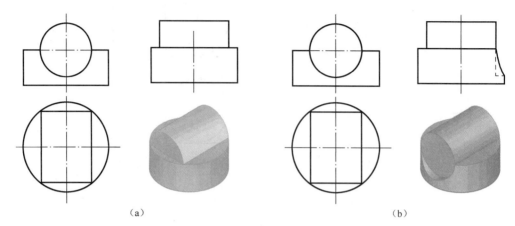

（a）　　　　　　　　　　　　　　　　（b）

图 4.29　题 8 答案

9.

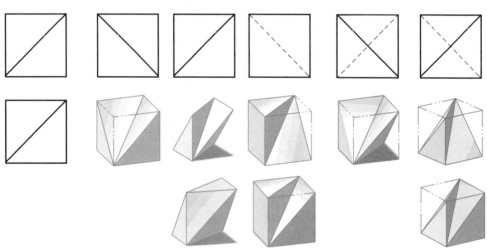

图 4.30　题 9 答案及立体图提示

10.

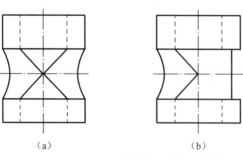

(参考立体图省略)

（a）　　　　　　　（b）

图 4.31　题 10 答案

第5章 机件的常用表达方法

5.1 内容要点

1. 机件的常用表达方法如图 5.1 所示。

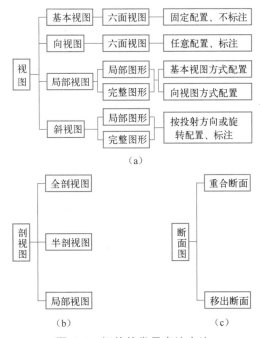

（a）

（b）　　　（c）

图 5.1　机件的常用表达方法

2. 根据剖切平面的个数和相对位置对剖视图进行总结（图 5.2~图 5.13）。

（1）单一剖切平面。

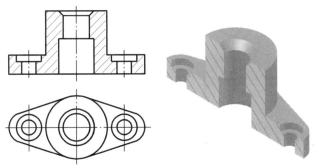

图 5.2　全剖（剖切面为投影面平行面）

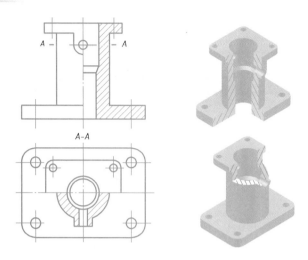

图 5.3　半剖（剖切面为投影面平行面）

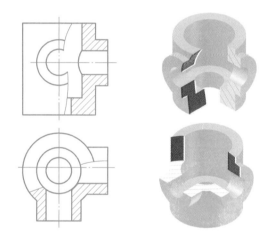

图 5.4　局部剖（剖切面为投影面平行面）

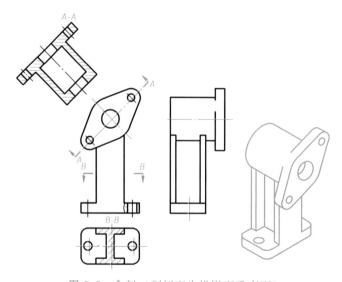

图 5.5　全剖（剖切面为投影面垂直面）

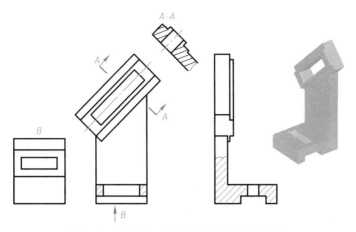

图 5.6　局部剖（剖切面为投影面垂直面）

（2）几个平行剖切平面。

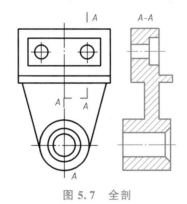

图 5.7　全剖

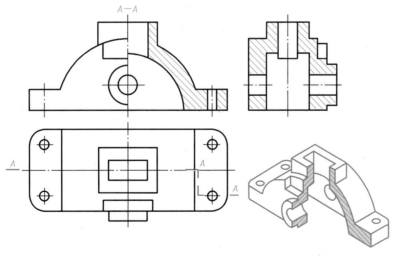

图 5.8　半剖

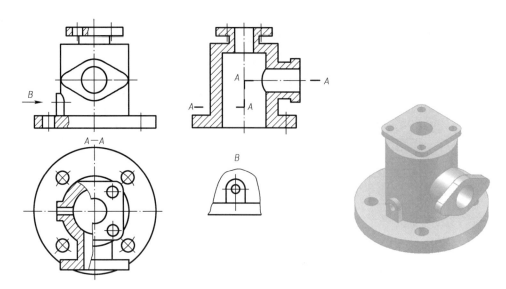

图 5.9 局部剖

（3）几个相交剖切平面。

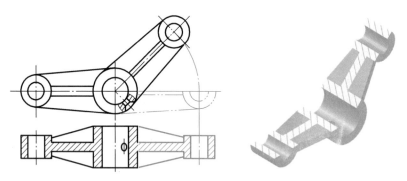

图 5.10 全剖

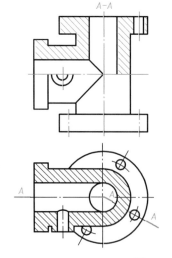

图 5.11 半剖

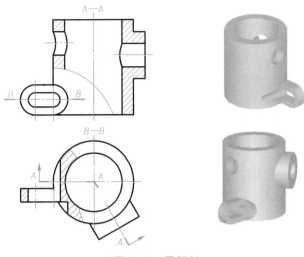

图 5.12　局部剖

（4）组合剖切平面。

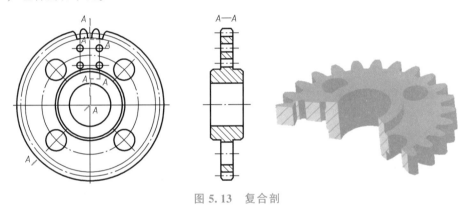

图 5.13　复合剖

5.2　典型基本例题分析

例 5.1　将主视图画成全剖视图（图 5.14）。

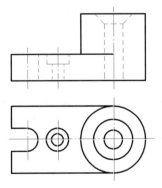

图 5.14　主视图需要画成全剖的形体

分析：该组合体共包括 2 部分，其建模步骤如图 5.15 所示。想象其假想剖开后的形状，如图 5.16 所示。

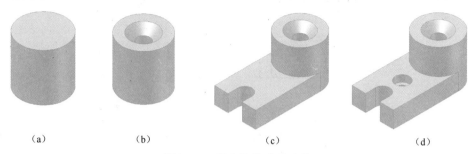

（a）　　　　　（b）　　　　　　　（c）　　　　　　　　（d）

图 5.15　组合体的建模步骤

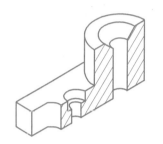

图 5.16　假想剖开后的形状

绘图步骤：如图 5.17 所示。

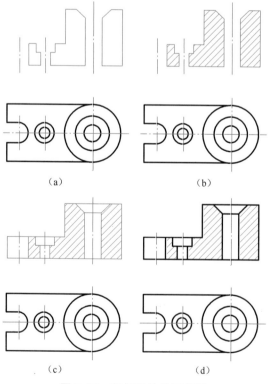

（a）　　　　　　　　　　　（b）

（c）　　　　　　　　　　（d）

图 5.17　剖视图的绘图步骤

例 5.2　将底座的主视图画成全剖视图（图 5.18）。

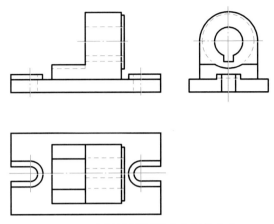

图 5.18　主视图需要画成全剖的底座

分析：该底座共包括 4 部分，其建模步骤如图 5.19 所示。想象其假想剖开后的形状，如图 5.20 所示。

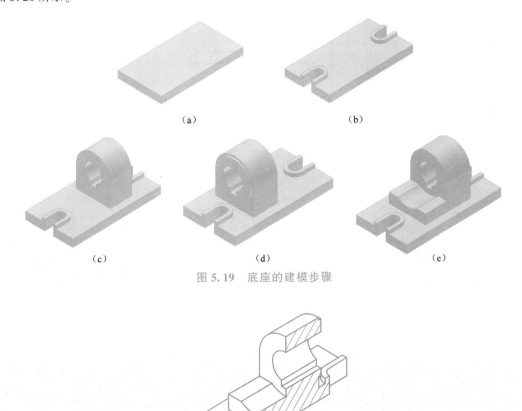

（a）　　　　　　　　　　　　　（b）

（c）　　　　　　（d）　　　　　　（e）

图 5.19　底座的建模步骤

图 5.20　假想剖开后的形状

绘图步骤: 如图 5.21 所示。

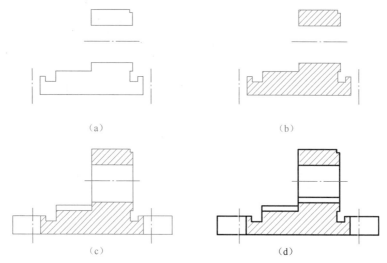

　　　　(a)　　　　　　　　　　　(b)

　　　　(c)　　　　　　　　　　　(d)

图 5.21　剖视图的绘图步骤

例 5.3　将形体的主视图画成全剖视图 (图 5.22)。

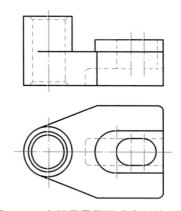

图 5.22　主视图需要画成全剖的形体

　　分析: 该底座共包括 3 部分, 其建模步骤如图 5.23 所示。想象其假想剖开后的形状, 如图 5.24 所示。

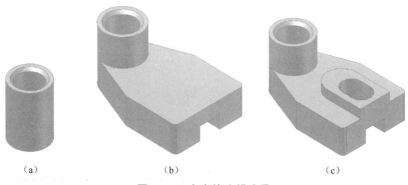

　　(a)　　　　　　　　　(b)　　　　　　　　　(c)

图 5.23　底座的建模步骤

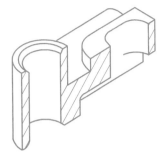

图 5.24　假想剖开后的形状

绘图步骤：如图 5.25 所示。

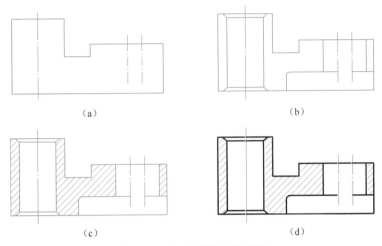

（a）

（b）

（c）

（d）

图 5.25　剖视图的绘图步骤

例 5.4　完成主视图的半剖视图，左视图的全剖视图（图 5.26）。

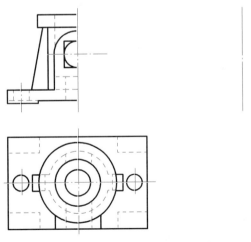

图 5.26　需要画成剖视图的形体

　　分析：该底座共包括 5 部分，其建模步骤见图 5.27。想象其假想剖开后的形状，如图 5.28 所示。

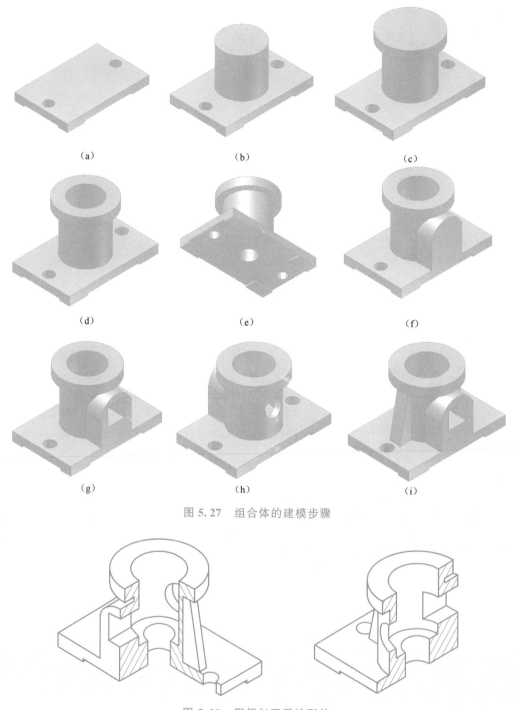

图 5.27　组合体的建模步骤

图 5.28　假想剖开后的形状

　　绘图步骤：如图 5.29 和图 5.30 所示。

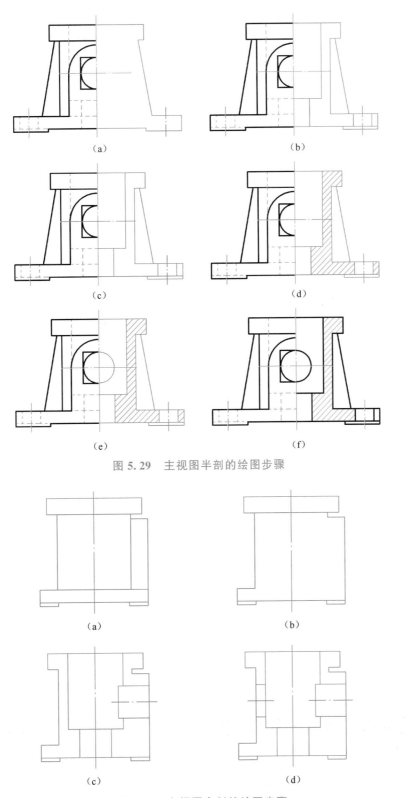

（a）　　　　　　　　　　（b）

（c）　　　　　　　　　　（d）

（e）　　　　　　　　　　（f）

图 5.29　主视图半剖的绘图步骤

（a）　　　　　　　　　　（b）

（c）　　　　　　　　　　（d）

图 5.30　左视图全剖的绘图步骤

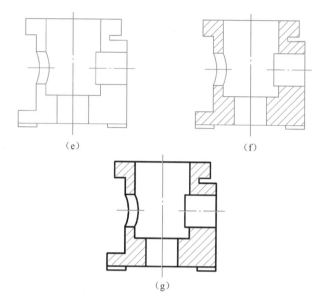

（e）　　　　　　　　（f）

（g）

图 5.30　左视图全剖的绘图步骤（续）

最终结果：如图 5.31 所示。

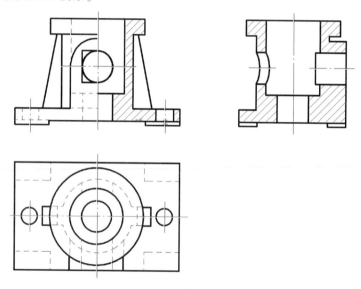

图 5.31　最终结果

例 5.5　比较支架（图 5.32）的不同表达方案。

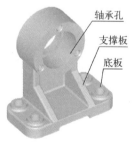

图 5.32　支架

（1）表达方案

方案（一）（图 5.33）：选全剖的左视图，表达轴承孔的内部结构及两侧支撑板形状。选择 B 向视图表达底板的形状。选择移出断面表达支撑板断面的形状。

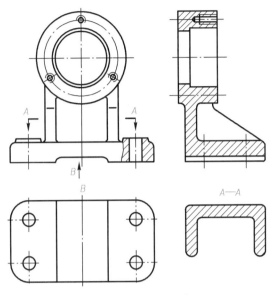

图 5.33　支架的表达方案（一）

方案（二）（图 5.34）：选全剖的左视图，表达轴承孔的内部结构及两侧支撑板形状。俯视图选用 B-B 剖视表达底板与支撑板断面的形状。

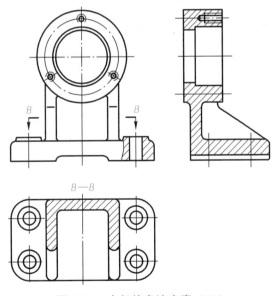

图 5.34　支架的表达方案（二）

（2）方案比较

分析、比较两个方案，选第二方案较好（优先选用基本视图，视图的数量越少越好）。

例 5.6　比较壳体（图 5.35）的不同表达方案。

图 5.35　壳体

（1）形体分析

五部分：方形顶板、中部圆筒、圆形底板、前面小凸台、右侧大凸台。顶板和底板上均有四个小孔，且与圆筒间有阶梯孔相通，圆筒与前面小凸台和右侧大凸台间有圆孔相通。

（2）表达方案

方案（一）（图 5.36）：共采用 5 个视图表达，包括局部剖的主视图、A 向局部视图、B-B 局部剖视图、C 向局部视图、D 向局部视图。

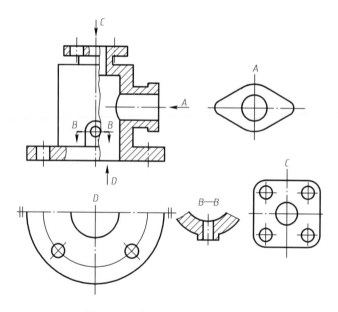

图 5.36　壳体的表达方案（一）

方案（二）（图 5.37）：共采用 3 个视图表达，包括局部剖的主视图、A 向局部视图、局部剖的俯视图。

方案（三）（图 5.38）：共采用 4 个视图表达，包括局部剖的主视图、局部剖的俯视图、全剖的左视图、B 向局部视图。

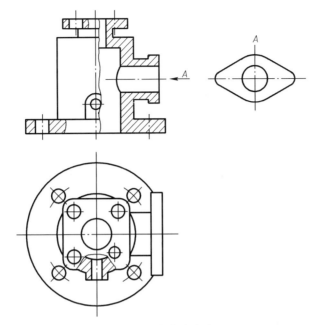

图 5.37　壳体的表达方案（二）

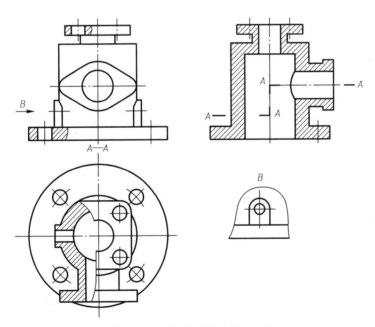

图 5.38　壳体的表达方案（三）

（3）方案比较

三种方案都可将内外结构形状表达清楚。方案（一）显得零散；方案（二）整体感较好；方案（三）显得繁琐。所以，采用方案（二）表达壳体，既能完整地表达壳体的内外结构形状，又能满足图面简单、清晰的要求。

例 5.7　选用适当的表达方法表达以下机件（图 5.39），不标注尺寸（画图尺寸从图中量取）。

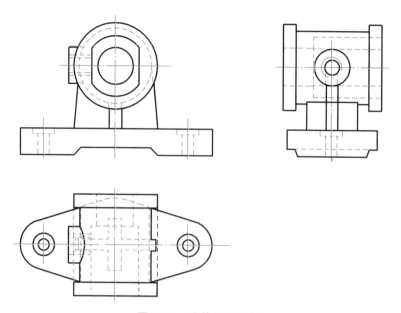

图 5.39　座体的三视图

分析：该座体共包括 4 部分，其建模步骤如图 5.40 所示。想象其假象剖开后的形状，如图 5.41 所示。

图 5.40　座体的建模步骤

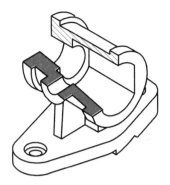

图 5.41 假想剖开后的形状

最终结果：如图 5.42 所示。

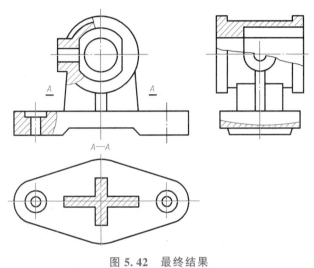

图 5.42 最终结果

5.3 自 测 题

一、选择题

1. 选择正确的 *A* 向视图（   ）。

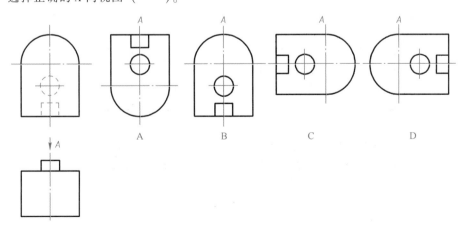

2. 选择正确的左视图（　　　）。

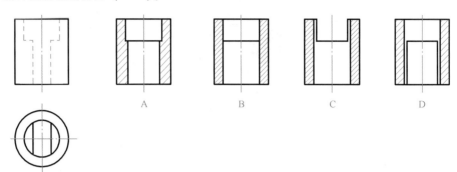

3. 将主视图全剖后正确的是（　　　）。

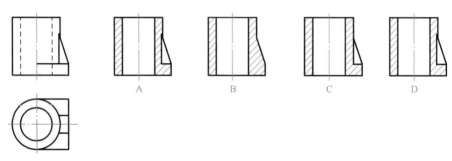

4. 选择正确的全剖视图（　　　）。

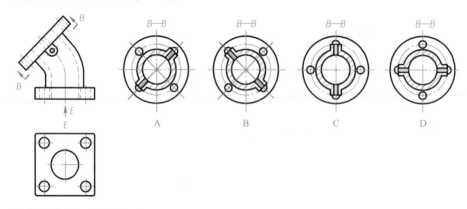

5. 选出正确的一组视图（　　　）。

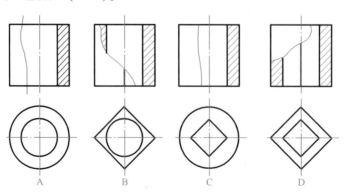

6. 选出正确的一组视图 (   )。

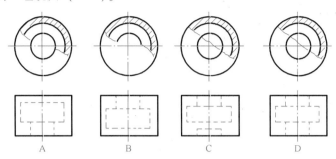

A   B   C   D

7. 正确的移出断面图是 (   )。

A   B   C   D

8. 正确的移出断面图是 (   )。

A   B   C   D

9. 正确的移出断面图是 (   )。

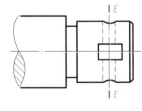 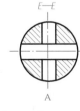 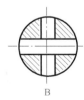 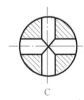 

A   B   C   D

10. 下列说法正确的是 (   )。

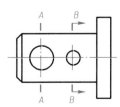 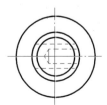 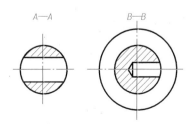

A. A-A 是断面图，B-B 是断面图　　　B. A-A 是剖视图，B-B 是剖视图

C. A-A 是剖视图，B-B 是断面图　　　D. A-A 是断面图，B-B 是剖视图

二、补画视图。

1. 补画形体的右视图。

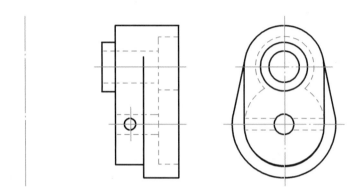

2. 画出连杆 A 向的局部视图、B 向的斜视图。

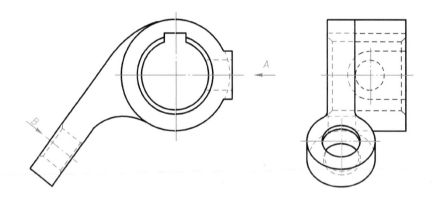

3. 将主视图改为全剖视图。

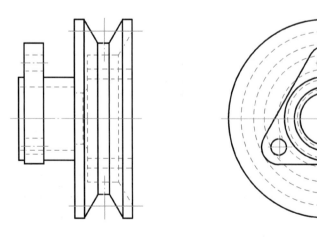

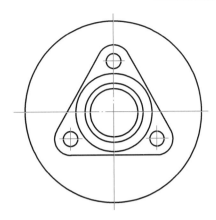

4. 补画 A–A 剖视图。

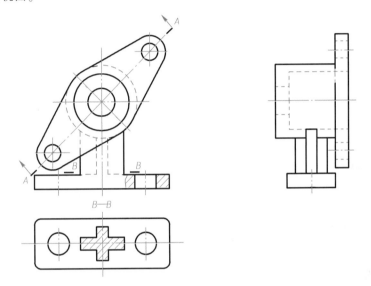

5. 画出 A–A 剖视图。

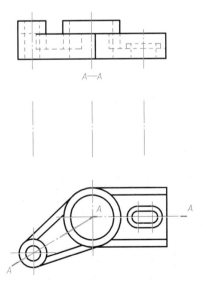

6. 画出 $A\text{-}A$ 剖视图。

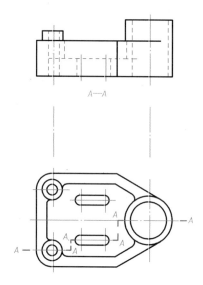

7. 画出 $A\text{-}A$ 剖视图。

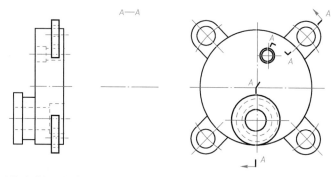

三、 补画半剖的主视图和全剖的左视图。

1.

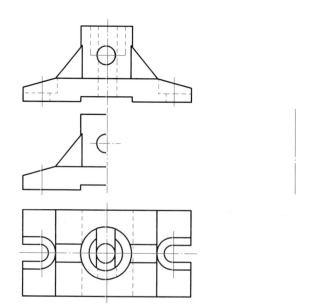

2.

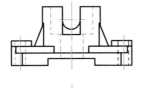

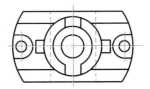

3.

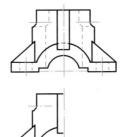

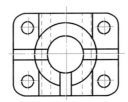

4.

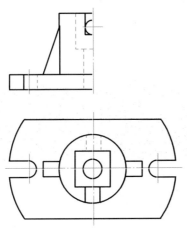

5.

6.

7.

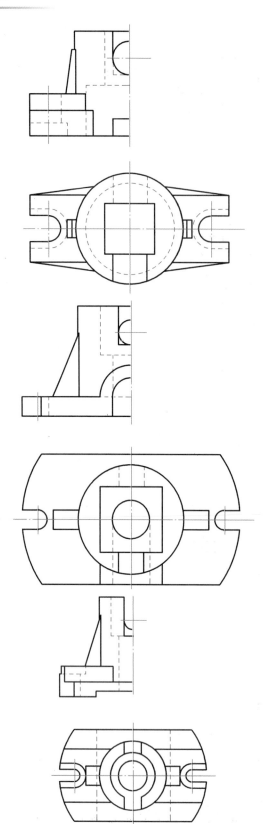

8.

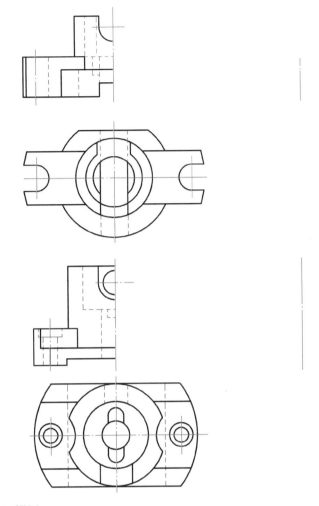

9.

四、补画视图。

1. 根据所给视图，看懂物体形状，在下方指定位置画出 A 向视图（虚线不画）。

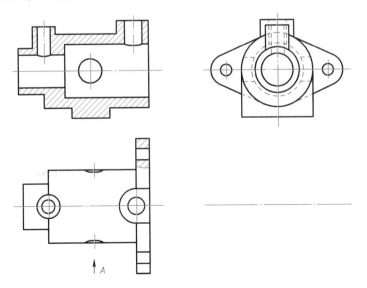

2. 补画托架的左视图（虚线不画）。

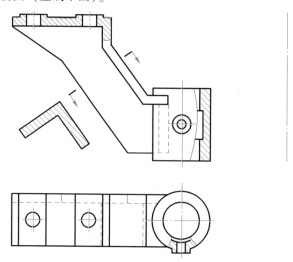

五、 选用适当的表达方法表达以下机件（图 5.22），不标注尺寸（画图尺寸从图中量取）。

1.

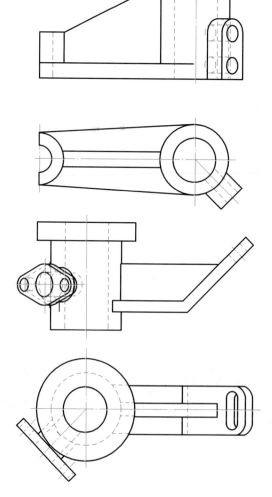

2.

3.

4.

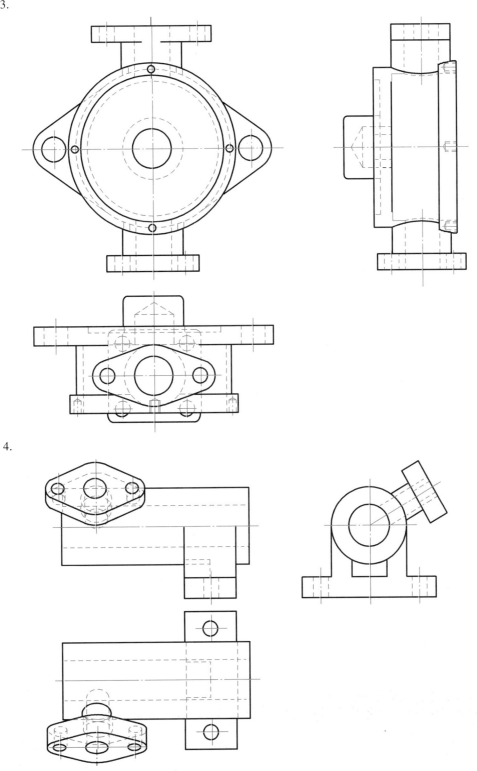

5.

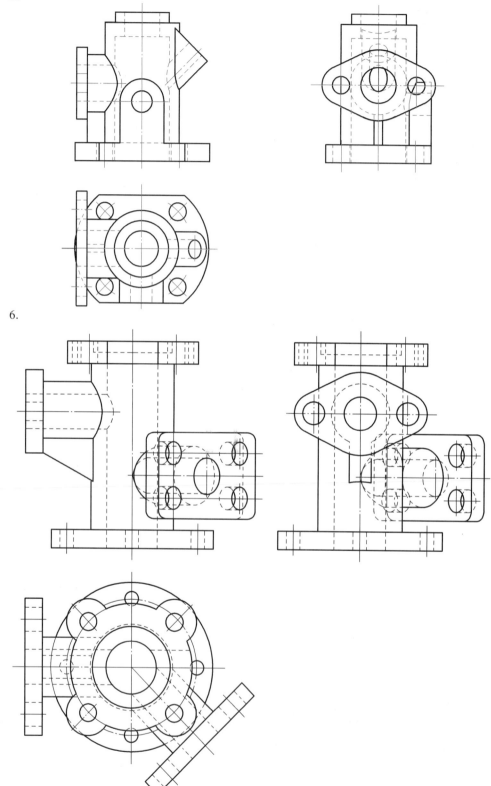

6.

7.

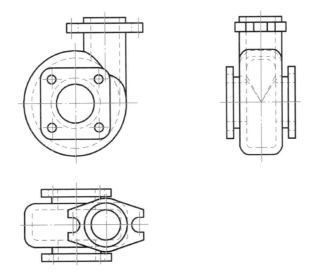

5.4　自测题答案及立体图提示

一、A D C B B B C B D B D

二、

1.

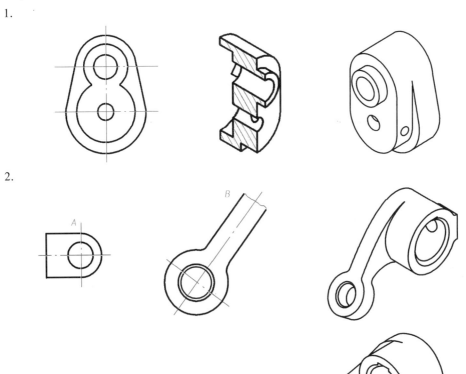

2.

3.

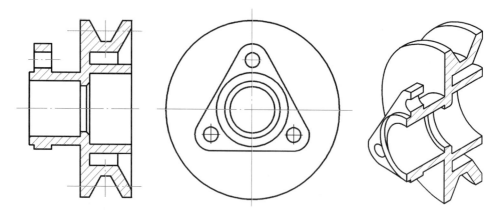

4.

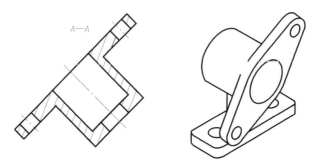

5.

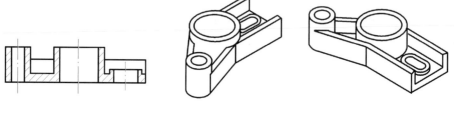

6.

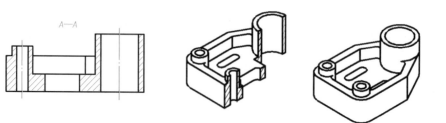

7.

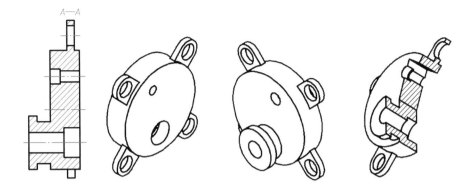

三、

1.

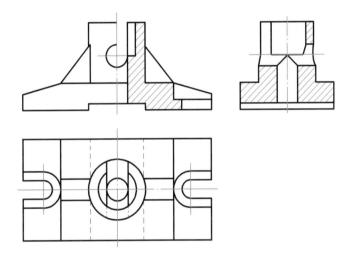

2.

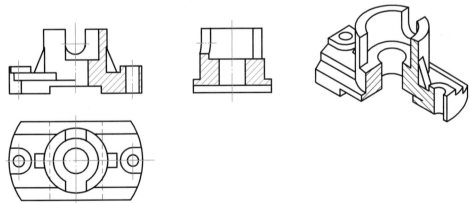

3.

4.

5.

6.

7.

（参考立体图省略）

8.

9.

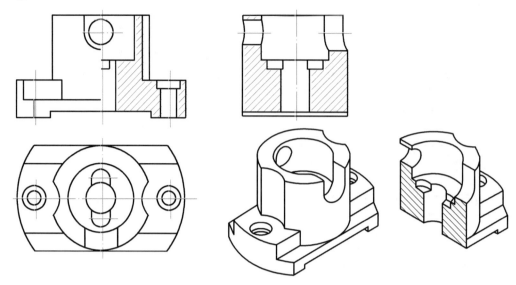

四.

1.

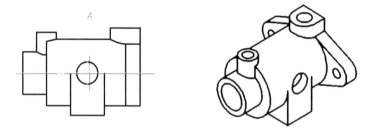

2.

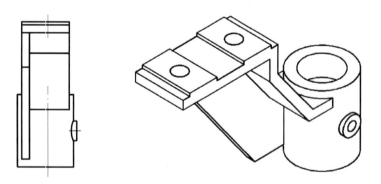

五．

1.

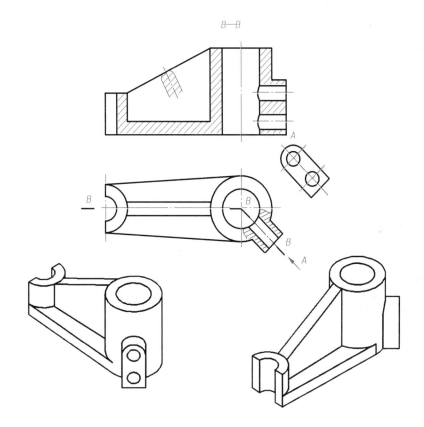

2.

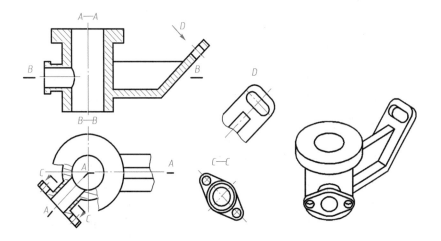

3.

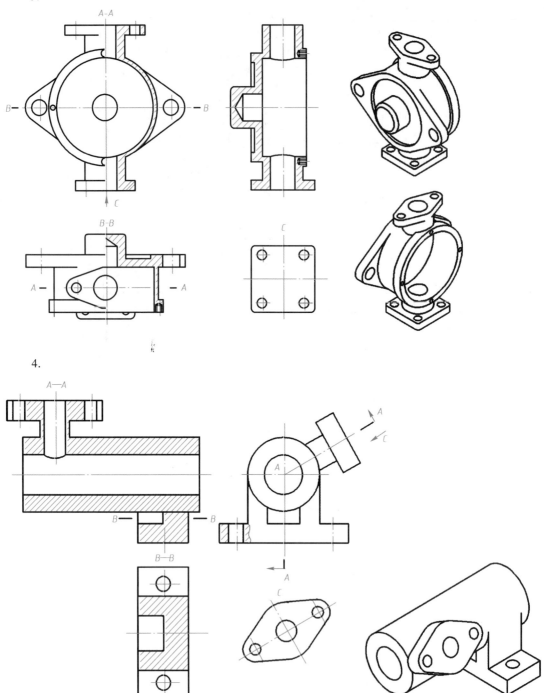

4.

5.

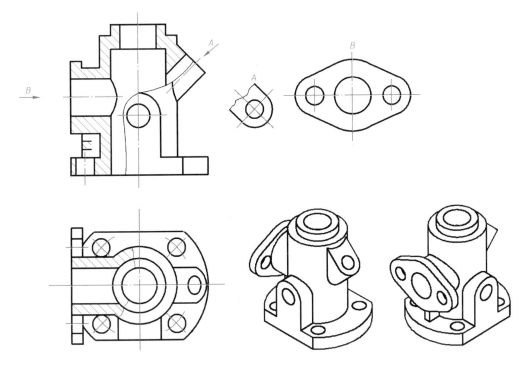

6.

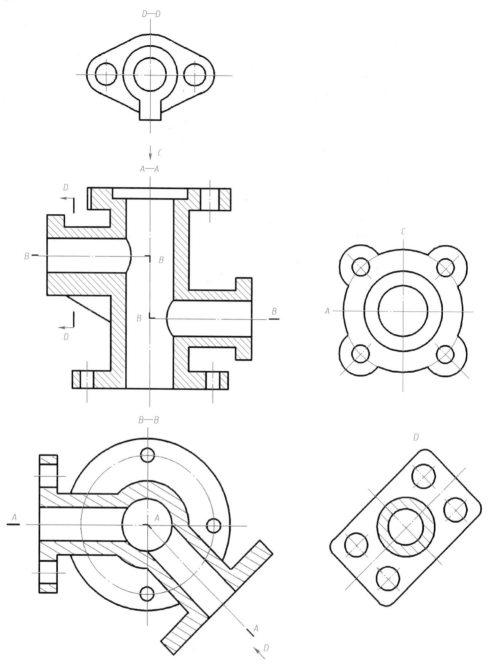

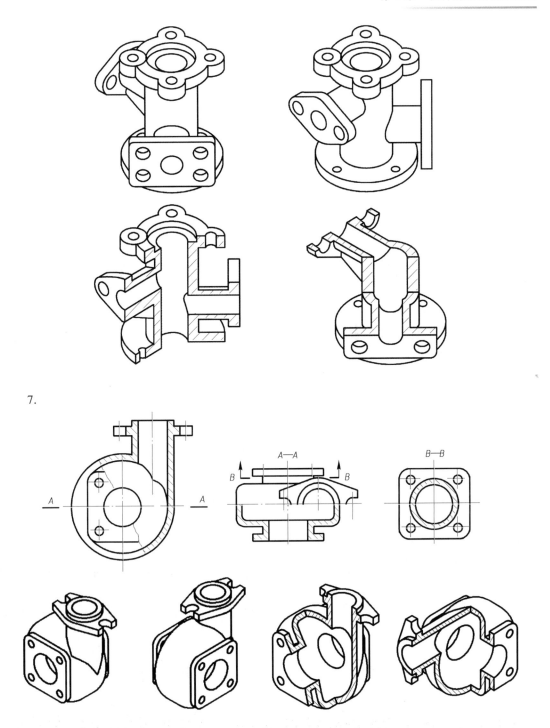

7.

第6章 零 件 图

6.1 内 容 要 点

1. 零件可分为一般零件、传动零件和标准件。一般零件的分类、作用、结构特点和加工方法见表 6.1。

表 6.1 零件的分类、作用、结构特点和加工方法

零件分类	作用、结构特点和加工方法
轴套类零件	作用：主要起支撑、传递动力和轴向定位。 结构特点：由若干段同轴线但不同直径的回转体组合而成，为了装配方便，轴上还有倒角、圆角、退刀槽等结构。 加工方法：车削、磨削。
盘盖类零件 （轮盘类零件）	作用：轮盘类零件主要起传递动力和扭矩作用。盘盖类零件主要起支撑、定位和密封作用。 结构特点：由同一轴线的回转体组成，轴向尺寸较小，径向尺寸较大，其上常有孔、螺孔、键槽、凸台、轮辐等结构。 加工方法：以车削为主。
叉架类零件	作用：包括各种用途的拨叉和支架。拨叉主要起操纵调速作用，支架主要起支撑和连接作用。 结构特点：它们的结构形状差别很大，但一般都由工作部分、支撑部分和连接部分组成。 加工方法：其毛坯多为铸、锻件，工作部分和支撑部分经机械加工而成。
箱体、壳体类零件	作用：主要起支撑、包容和密封其他零件的作用。 结构特点：比较复杂，一般内部有较大的空腔、肋板、凸台、螺孔等结构。 加工方法：其毛坯多为铸件，工作部分和支撑部分经机械加工而成。

2. 零件的视图表达方法见表 6.2。

表 6.2 零件的视图表达方法

零件分类	主视图的选择原则	基本视图	辅助视图
轴套类零件	加工位置原则，轴线水平放置，应考虑加工顺序	1	移出断面、局部放大图
盘盖类零件 （轮盘类零件）	加工位置原则，非圆视图作为主视图，为了表达内部结构，主视图常采用剖视图	1～2	
叉架类零件	工作位置原则	2～3	其中肋板用移出断面或重合断面表达其截面形状
箱体类零件 （壳体类零件）	工作位置原则	3 个或多个	

6.2 典型基本例题分析

例 6.1 根据轴的轴测图（图 6.1），画出它的零件图。键槽深度查表确定，可不标注公差。

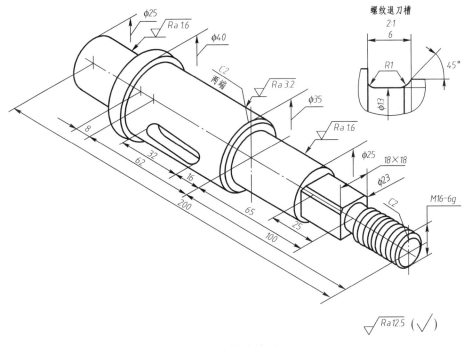

图 6.1 轴的轴测图

分析：该零件属于轴类零件，其建模步骤如图 6.2 所示。

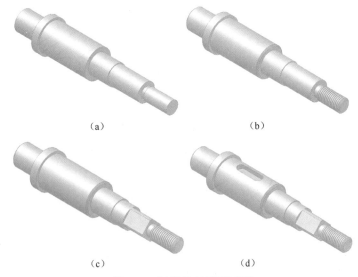

（a）   （b）

（c）   （d）

图 6.2 轴零件的建模步骤

作图结果：如图 6.3 所示。

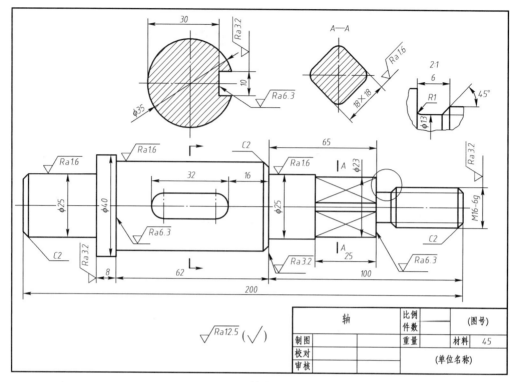

图 6.3　轴的零件图

例 6.2　根据踏架轴测图（图 6.4），画出它的零件图。材料为 HT200，未注圆角 R3 ～ R5。

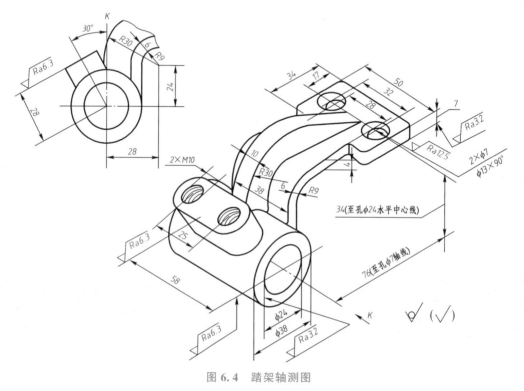

图 6.4　踏架轴测图

分析：该零件属于叉架类零件，主要包括 5 部分，其建模步骤如图 6.5 所示。

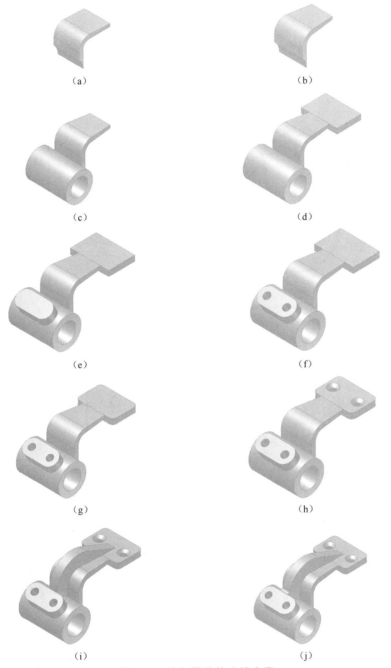

图 6.5 踏架零件的建模步骤

作图结果，如图 6.6 所示。

例 6.3 将分解后的连杆零件立体图（图 6.7）进行组合构形，绘制叉架零件图。

组合构形要求：①小球筒在右方，大球筒在左方，两球筒中心距为 75±0.1 mm。椭圆柱成水平位置，连接在两球筒的中间对称位置上。②弯杆连接在小球筒中间对称位置上，且与椭圆柱轴线水平夹角为 120°。

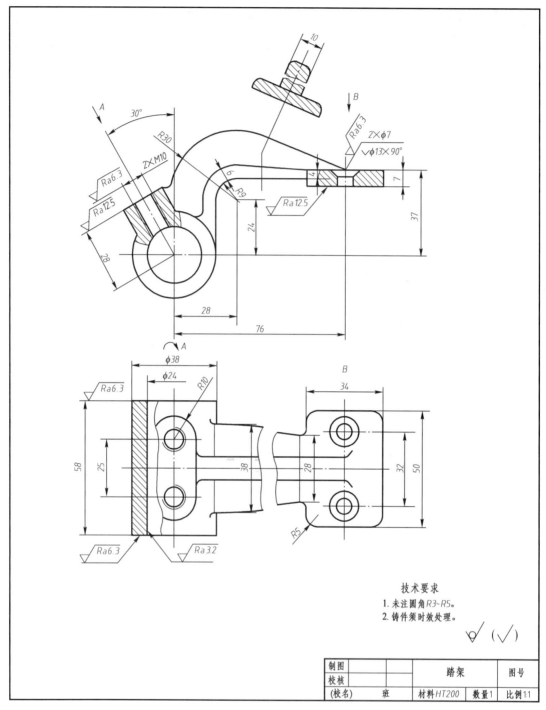

技术要求

1. 未注圆角 R3~R5。
2. 铸件须时效处理。

制图			踏架		图号
校核					
(校名)	班		材料 HT200	数量 1	比例 1:1

图 6.6　踏架零件图

技术要求：（1）零件图中未标注的表面粗糙度为 ∛/。

（2）以零件 φ10 孔轴线为基准 A，φ42 孔轴线相对 φ10 孔轴线的平行度公差为 0.1 mm。

（3）未标注铸造圆角为 R1 ～ R2。

（4）φ10 和 φ42 两孔的两端面倒角为 C1，表面粗糙度为 $\sqrt{}^{Ra6.3}$。

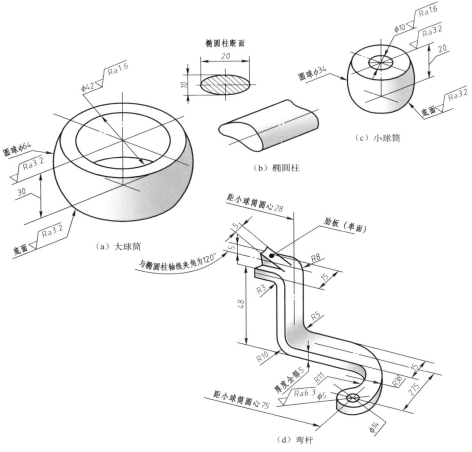

图 6.7　分解后的连杆立体图

连杆立体图如图 6.8 所示。

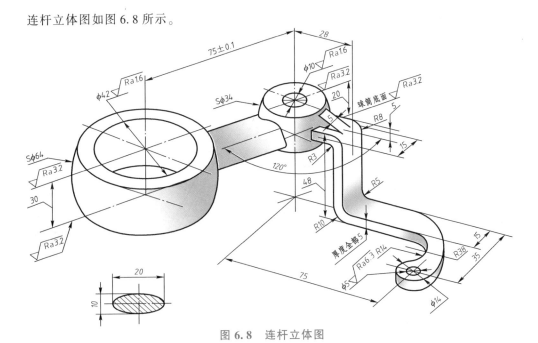

图 6.8　连杆立体图

分析：该零件主要包括 5 部分，其建模步骤如图 6.9 所示。

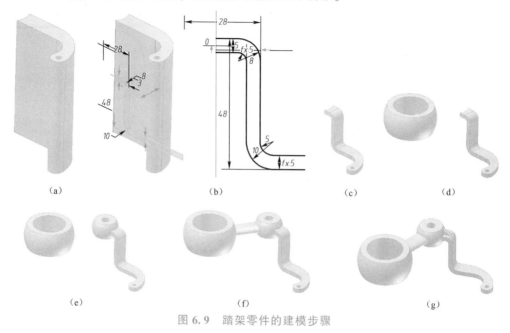

图 6.9 踏架零件的建模步骤

作图结果，如图 6.10 所示。

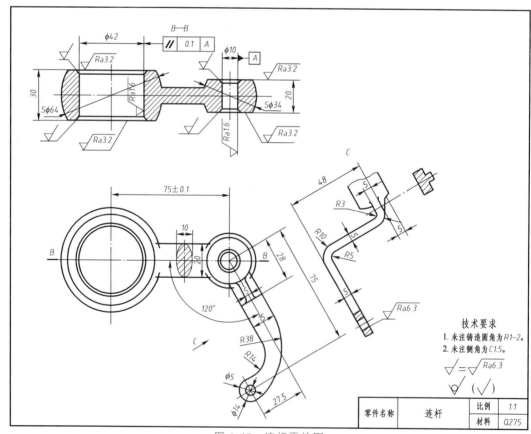

图 6.10 连杆零件图

例 6.4 根据阀体轴测图（图 6.11），画出它的零件图。材料为 HT200。

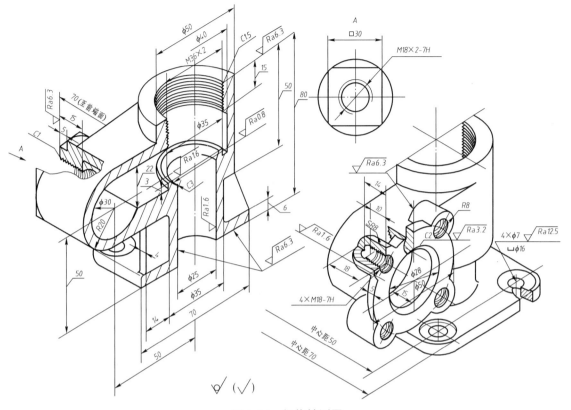

图 6.11 阀体轴测图

分析：该零件主要包括 8 部分，其建模步骤如图 6.12 所示。

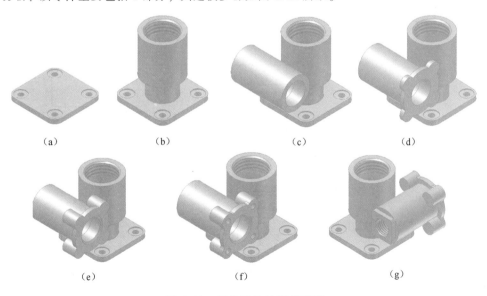

（a）　　　　　（b）　　　　　（c）　　　　　（d）

（e）　　　　　（f）　　　　　（g）

图 6.12 阀体零件的建模步骤

（h）　　　　　　　　　（i）　　　　　　　　　（j）

图 6.12　阀体零件的建模步骤（续）

作图结果，如图 6.13 所示。

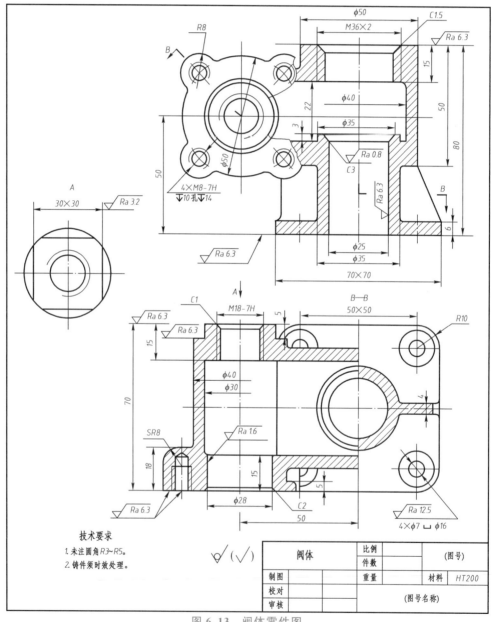

图 6.13　阀体零件图

6.3 自　测　题

1. 读图 6.14 所示主动齿轮轴零件图，回答问题。

（1）M12×1.5－5 g 表示的是（　　　）螺纹，大径是（　　　），螺距是（　　　），旋向是（　　　），中径和顶径的公差带代号是（　　　）。

（2）尺寸 ϕ20f7 的公称尺寸是（　　　），公差带代号是（　　　），基本偏差代号是（　　　），标准公差等级是（　　　）。

（3）齿轮的齿顶圆直径是（　　　），分度圆直径是（　　　），在①处补画出轮齿部分并标注尺寸和表面粗糙度代号，轮齿和齿顶的 Ra 值分别为 1.6 μm 和 3.2 μm。

（4）轴上零件采用平键连接：GB/T 1096—2003 键 5×5×16，查表确定键槽尺寸，在图中的给定的 A－A 位置画出移出断面，并标注键槽尺寸和表面粗糙度代号，键槽两侧面的 Ra 值为 6.3 μm。

（5）标注几何公差：键槽对 ϕ17k6 轴线的对称度公差为 0.06 mm；齿轮左端面对轴中段中 ϕ20f7 轴线的垂直度公差为 0.03 mm。

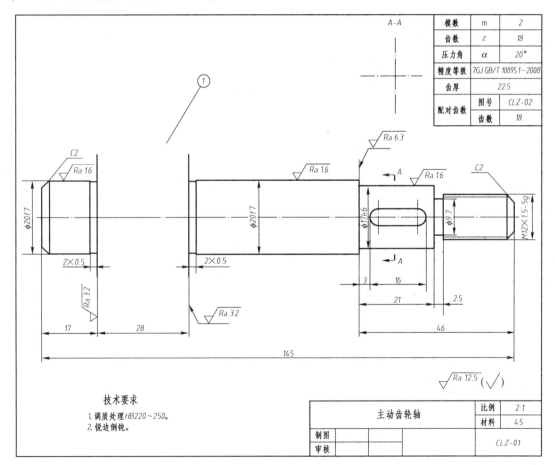

图 6.14　齿轮轴零件图

2. 读图 6.15 所示端盖零件图，回答问题。

（1）表面 Ⅰ 的粗糙度代号为（　　　），表面 Ⅱ 粗糙度代号为（　　　），表面 Ⅲ 粗糙度代号为（　　　）。

（2）尺寸 φ70d11，其公称尺寸为（　　），基本偏差代号为（　　），公差等级为（　　）。

（3）长、宽和高三个方向的尺寸基准分别（　　）。

（4）画 *A—A* 剖视（对称机件剖视图画一半）。

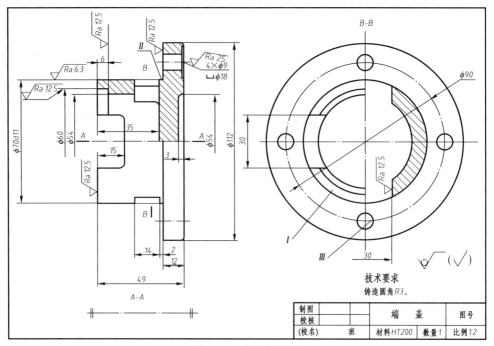

图 6.15　端盖零件图

3. 读图 6.16 所示拨叉零件图，回答问题。

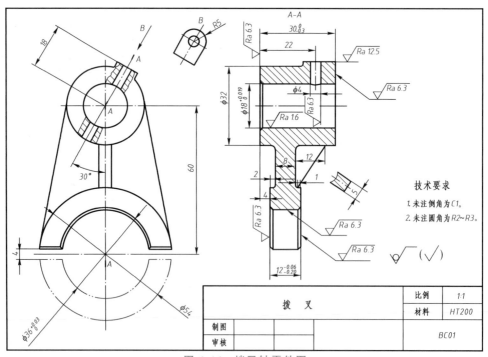

图 6.16　拨叉轴零件图

（1）拨叉零件共用了（　　）个图形来表达形体结构，其中 A-A 为（　　）图，视图 B 为（　　）图。

（2）$\phi4$ 孔的定位尺寸是（　　）、（　　），该孔的表面粗糙度为（　　）。

（3）直角三角形肋板的厚度为（　　），其表面粗糙度代号为（　　）。

（4）$\phi18^{+0.019}$ 孔的上极限尺寸为（　　），下极限尺寸为（　　），公差为（　　）。

4. 读图 6.17 所示箱体零件图，回答问题。

（1）本零件采用了（　　）个基本视图，（　　）个辅助视图表达，其中主视图是（　　）剖视图，左视图是（　　）剖视图，B 向视图是（　　）视图。

（2）4×M4-7H 的定位尺寸是（　　）。

（3）图中尺寸 $\phi40H7$，其中 $\phi40$ 是（　　），H7 是（　　）。

（4）技术要求第 1 条所指的圆角是（　　）工艺。

（5）在全部切削加工表面中，最光滑和最粗糙的表面粗糙度代号分别为（　　）和（　　）。

（6）$\phi82$ 和 $\phi18H6$ 表面的表面粗糙度代号分别为（　　）和（　　）。

（7）零件的名称是（　　），所用的材料是（　　）。

（8）零件的总长、总宽和总高分别是（　　）、（　　）和（　　）。

（9）尺寸 $\frac{\phi6}{\sqcup\phi12\underline{\triangledown}4}$ 中，$\sqcup$ 表示（　　），$\underline{\triangledown}$ 表示（　　）。

（10）在图中空白处画出主视图的外形图（虚线不画）。

5. 读图 6.18 所示泵体零件图，回答问题。

（1）主视图采用（　　）表达方法。

（2）在俯视图中找出两个定位尺寸（　　）、（　　）和两个定形尺寸（　　）、（　　）。

（3）零件左端螺纹标注 G1/2 是表示（　　）螺纹，其水平定位尺寸为（　　）。

（4）$\phi36H8(^{+0.039}_{0})$ 的公称尺寸是（　　），公差等级（　　），基本偏差代号是（　　），上、下极限尺寸分别是（　　）、（　　）。

（5）图中 C2 表示（　　）。

（6）画出 B—B 剖视图。

6. 读图 6.19 所示阀体零件图，回答问题。

（1）该零件的主视图用（　　）视图表达。

（2）$\phi16H8$ 的孔的上极限尺寸是（　　），下极限尺寸是（　　），公差是（　　）。

（3）左侧连接板上共有（　　）个供连接用的通孔，其定形尺寸是（　　），定位尺寸是（　　）。

（4）零件的底板上有（　　）个安装用的通孔，定位尺寸是（　　）。

（5）顶部螺纹代号 M12×1-6H 表示螺纹的类型为（　　），大径为（　　），螺距为（　　），线数为（　　），旋向为（　　），中径和顶径的公差带代号为（　　）。

（6）表面粗糙度要求最高的表面是（　　）位置表面，其 Ra 值是（　　）。

（7）在指定位置画出 A-A 半剖俯视图。

7. 读图 6.20 所示底座零件图，回答问题。

（1）主视图作了（　　）剖视，左视图作了（　　）剖视，A 向视图为（　　）视图。

（2）尺寸 $\phi17H7$，其公称尺寸为（　　），基本偏差代号为（　　），公差等级（　　）。

（3）底座共有（　　）个螺纹孔，其中，尺寸 3×M6-6H EQS 中，3 表示（　　）个螺纹孔，M 表示（　　），6 表示（　　），6H 表示（　　）。

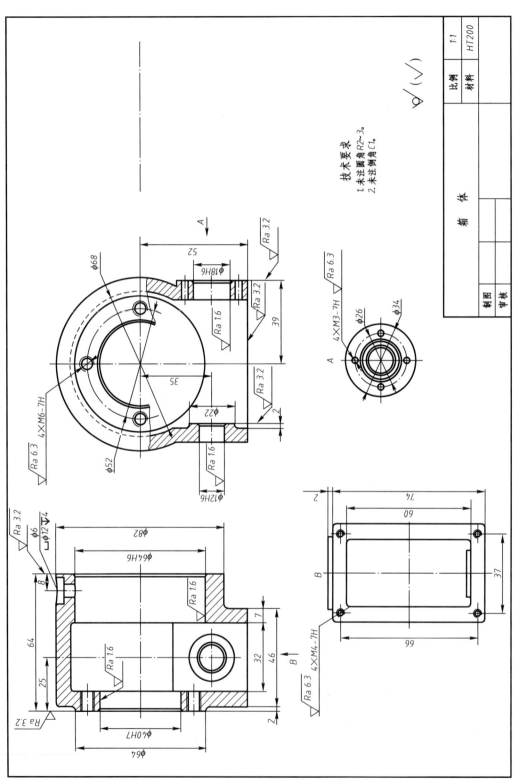

图6.17 箱体零件图

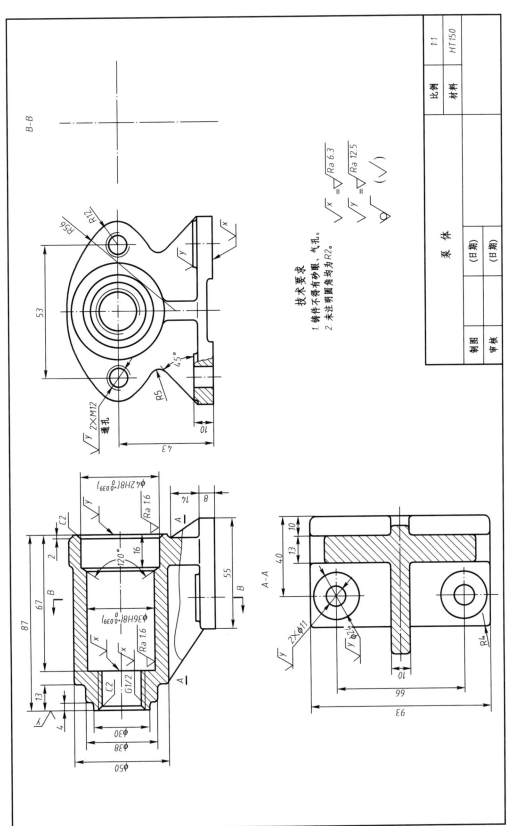

图6.18 泵体零件图

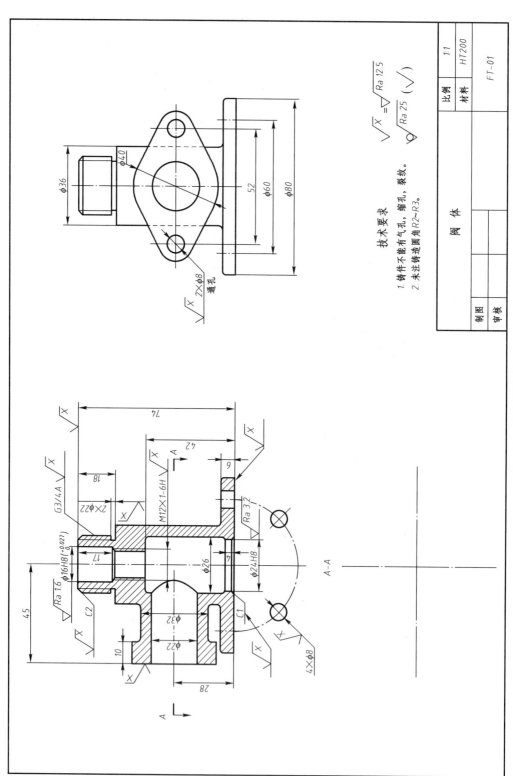

图6.19 阀体零件图

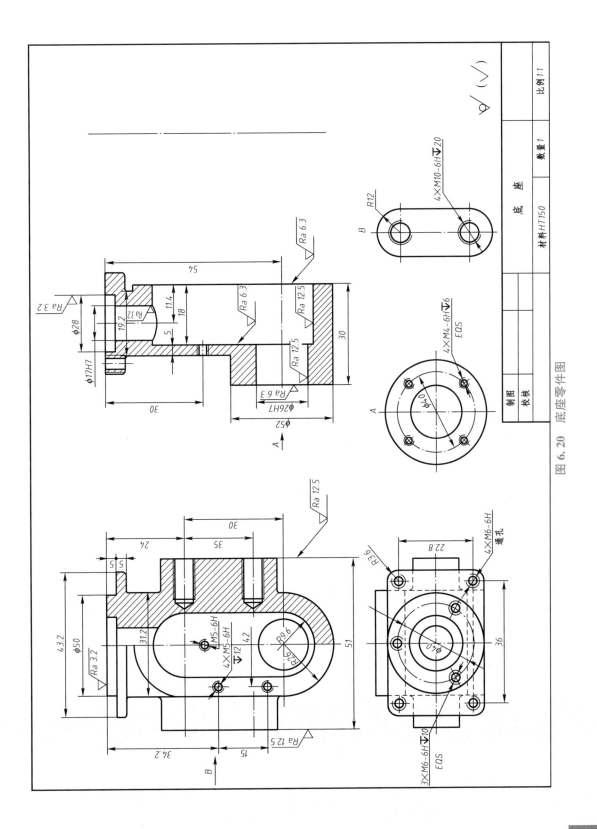

图 6.20 底座零件图

（4）螺纹孔 4×M6-6H，其定位尺寸为（   ），螺纹孔 4×M4-6H EQS，其定位尺寸为（   ）。

（5）解释 $\sqrt{}$ 和 $\bigvee\hspace{-1.5mm}$ 含义。

$\sqrt{}$ 表示：（   ）。

$\bigvee\hspace{-1.5mm}$ 表示：（   ）。

（6）画出底座的左视外形图（所需尺寸从图中直接量取，不画虚线，不标注尺寸）。

8. 根据支架的立体图（图 6.21），绘制其零件图。未注圆角为 R3 ～ R5，材料 HT150。

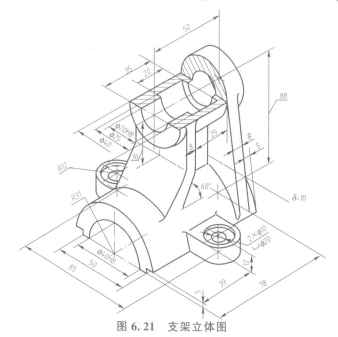

图 6.21　支架立体图

9. 根据阀体的立体图（图 6.22），绘制其零件图。材料 HT200。

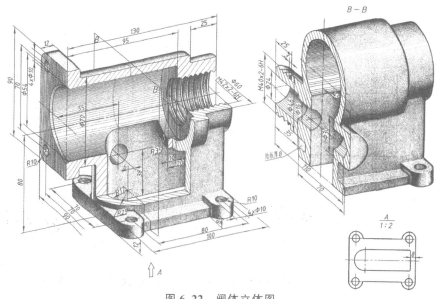

图 6.22　阀体立体图

6.4　自测题答案

1.

（1）普通细牙、12、1.5、右旋、5g

（2）$\phi20$、f7、f、7

（3）40、36、如图 6.23 所示

（4）如图 6.23 所示

（5）如图 6.23 所示

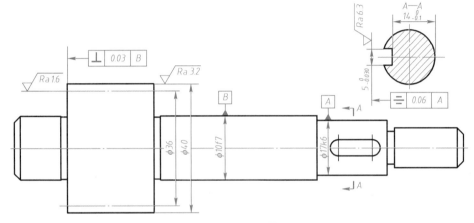

图 6.23　题 1 答案

2.

（1）$\sqrt{Ra12.5}$、$\sqrt{Ra6.3}$、$\sqrt{Ra25}$

（2）$\phi70$、d、11

（3）左端面、轴线、轴线

（4）如图 6.24 所示（参考轴测剖视图如图 6.25 所示）

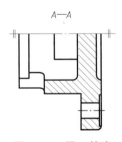

图 6.24　题 2 答案

图 6.25　参考轴测剖视图

3.

（1）4、旋转的全剖视、斜视

（2）22、30°$\sqrt{Ra6.3}$

（3）5、$\sqrt{}$

（4）ϕ18.019、ϕ18、0.019

4.

（1）2、2、全、局部、局部

（2）66、37

（3）公称尺寸、公差带代号

（4）铸造

（5）$\sqrt{\quad}\overline{Ra16}$、$\sqrt{\quad}\overline{Ra6.3}$

（6）$\sqrt{\ }$、$\sqrt{\quad}\overline{Ra16}$

（7）箱体、HT200

（8）64、74、93

（9）沉孔、深度

（10）如图 6.26 所示（参考轴测图如图 6.27 所示）

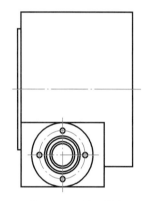

图 6.26 题 4 答案

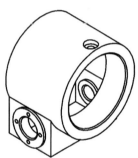

图 6.27 参考轴测图

5.

（1）局部剖

（2）68、41、R4、ϕ24

（3）管、67

（4）ϕ36、8、H、ϕ36.039、ϕ36

（5）45°倒角，倒角深度为 2

（6）如图 6.28 所示

图 6.28 题 5 答案

6.

（1）全剖

（2）φ16.027、φ16、0.027

（3）2、φ8、52 和 28

（4）4、φ60

（5）普通细牙螺纹、12、1、1、右旋、6H

（6）φ16H8 的孔、1.6

（7）如图 6.29 所示（参考轴测剖视图如图 6.30 所示）

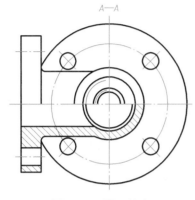

图 6.29 题 6 答案

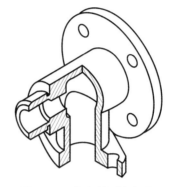

图 6.30 参考轴测剖视图

7.

（1）半、全、局部

（2）φ17、H、7

（3）20、3、普通螺纹、公称直径、中径和顶径的公差带代号

（4）36 和 22.8、φ40

（5）用去除材料的方法获得的表面粗糙度、用不去除材料的方法获得的表面粗糙度。

（6）如图 6.31 所示

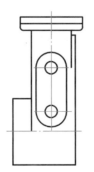

图 6.31 题 7 答案

第7章 装 配 图

7.1 内 容 要 点

1. 能够读懂装配图。

2. 能够根据装配示意图和零件图拼画装配图。

(1) 深入了解部件的装配关系和工作原理。

(2) 视图选择。

(3) 画装配图。

① 根据已确定的表达方案，定出画图比例和图幅。画图框、标题栏、明细栏。合理安排好各视图的位置，画好各视图的作图基准线和主要轴线等。

② 画底稿图时，可围绕各条装配干线（由装配关系较密切的一组零件组成）"由里向外画"或"由外向里画"。

所谓"由里向外画"，即是从部件内部的主要装配干线出发，逐次向外扩展，这样，被挡住零件的不可见轮廓线可以不必画出，免画许多多余的图线。

所谓"由外向里画"，即从主要零件箱体开始画起，逐次向里画出各个零件，它的优点是便于考虑整体的合理布局。这两种方法应根据部件或机器的不同结构灵活选用或结合运用，但无论运用哪种方法，画图时仍要保持各视图间、各零件间的投影关系以及随时检查零件间有无干扰的问题、定位问题等。

③ 校核底稿，擦去多余作图线，按规定线型加深图线、画剖面线、标注尺寸、编写零件序号、填写明细栏、标题栏和技术要求，最后完成装配图。

3. 能够根据装配图拆画主要零件的零件图。

零件图是根据部件对零件所提出的要求由装配图拆画而成的。拆画零件图应在读懂装配图的基础上进行。由于在装配图上很难完整、清晰地表达出每个零件的结构形状，所以，在拆图时，需对零件的结构进行分析和补充设计。

(1) 分离零件的方法

① 先从明细栏中找到要拆画零件的序号和名称。

② 根据该序号的指引线找到它在装配图中所在的位置。

③ 根据投影关系、剖面线的方向和间隔，找出该零件在各视图中的投影，将该零件从装配图中分离出来。

(2) 对零件结构形状的处理

对部分复杂零件的结构作进一步的分析或对某些结构进行改进设计。如表达不完整时，可根据功用和装配关系，对其结构形状加以构思、补充和完善。对装配图中被省略的工艺结构，如倒角、退刀槽、越程槽等，在零件图中仍应补充画出。

（3）对零件表达方案的处理

装配图注重于表达零件装配关系，零件图注重于表达零件结构形状。在拆画零件图时，不能简单地照搬装配图的表达方案，而应根据零件的类型和整体结构形状重新选择视图。

（4）对零件图上尺寸的处理

① 抄：在装配图上已标注的与该零件有关的尺寸可直接移注到零件图上，如配合尺寸，某些相对位置尺寸等，并注意与其他相关零件尺寸之间的协调性。

② 量：在装配图上未注出的尺寸，可按比例在装配图上量取，并注意圆整。

③ 查：一些标准结构的尺寸，应从有关标准手册中查取。

④ 算：某些零件的尺寸在明细栏中已给出，如弹簧尺寸、垫片厚度、齿轮齿数和模数等，应按给定尺寸注写或经计算后注写。

（5）技术要求的处理

标注零件的技术要求时，应根据零件在部件中的功用及与其他零件的相互关系，并结合结构与工艺方面的知识来确定，必要时也可参考同类产品的图纸。

7.2 基本例题分析

例 7.1　根据定位器的装配示意图（图 7.1）和零件图（图 7.2）拼画装配图。

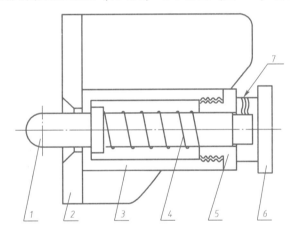

定位器零件明细表

7	GB/T 75—1985	紧定螺钉M3×4	Q235-A	1	
6	XT90—006	把手	橡胶	1	
5	XT90—005	盖	Q235-A	1	
4	XT91—004	弹簧	65Mn	1	
3	XT91—003	套筒	45	1	
2	XT91—002	支架	HT200	1	
1	XT91—001	定位轴	40Cr	1	
序号	代号	名称	材料	数量	备注

图 7.1　定位器的装配示意图和明细表

定位器的工作原理：定位器安装在仪器的机箱内壁上。工作时定位轴 1 的一端插入固定零件的孔中，当该零件需要变换位置时，应拉动把手 6，将定位器从该零件的孔中拉出，松开把手后，弹簧 4 使定位轴恢复原位。

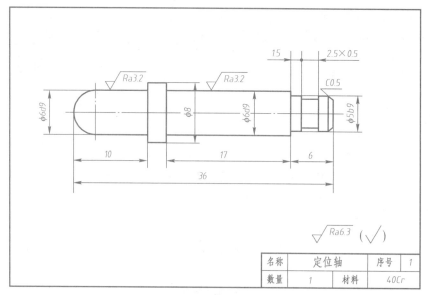

（a）

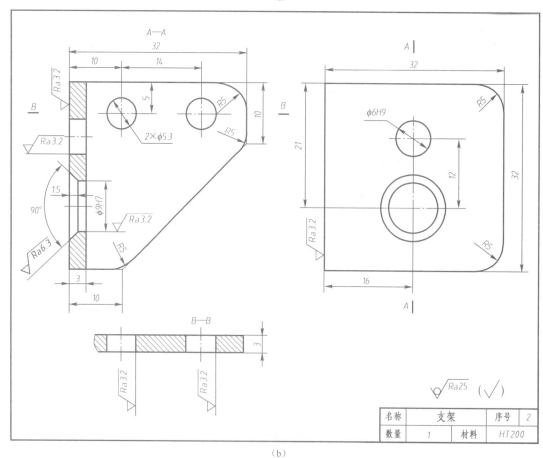

（b）

图 7.2　定位器主要零件的零件图

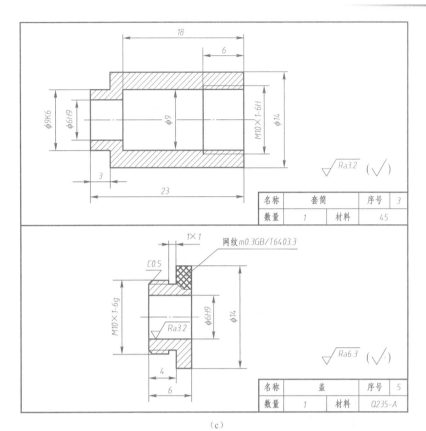

（c）

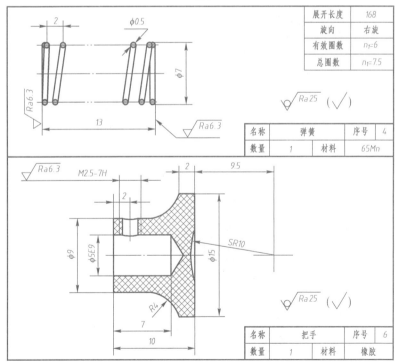

（d）

图 7.2　定位器主要零件的零件图（续）

　　分析：读懂各个零件的零件图，想象每个零件的结构形状，如图 7.3 所示。确定定位器的主要装配干线，如图 7.4 所示。定位器装配后的模型如图 7.5 所示。

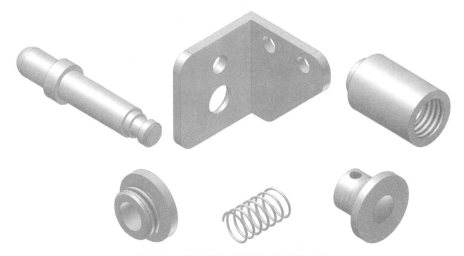

图 7.3　定位器主要零件的三维建模

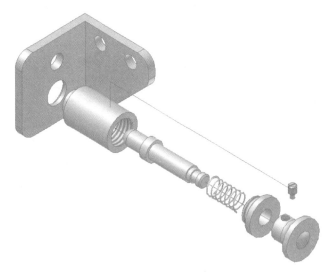

图 7.4　定位器的主要装配干线

图 7.5　定位器的三维装配模型

定位器的装配图的绘制过程如图 7.6 所示。

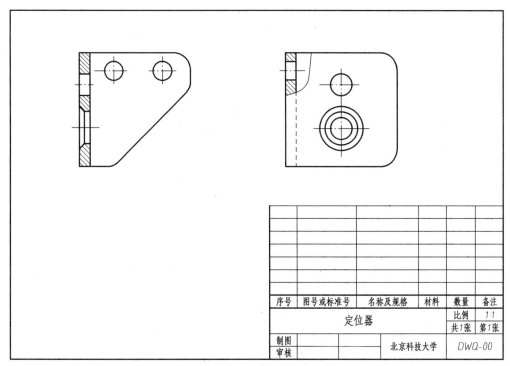

序号	图号或标准号	名称及规格	材料	数量	备注
		定位器		比例	1:1
				共1张	第1张
制图			北京科技大学		DWQ-00
审核					

（a）

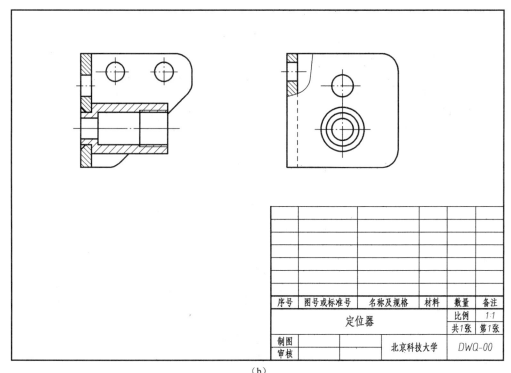

序号	图号或标准号	名称及规格	材料	数量	备注
		定位器		比例	1:1
				共1张	第1张
制图			北京科技大学		DWQ-00
审核					

（b）

图 7.6　定位器的装配图的绘制过程

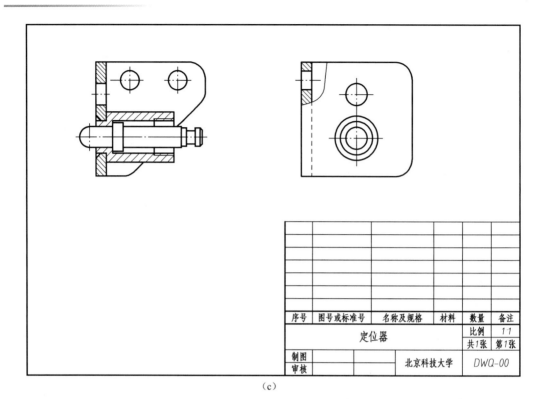

序号	图号或标准号	名称及规格	材料	数量	备注
	定位器			比例	1:1
				共1张	第1张
制图			北京科技大学	DWQ-00	
审核					

（c）

序号	图号或标准号	名称及规格	材料	数量	备注
	定位器			比例	1:1
				共1张	第1张
制图			北京科技大学	DWQ-00	
审核					

（d）

图 7.6 定位器的装配图的绘制过程（续）

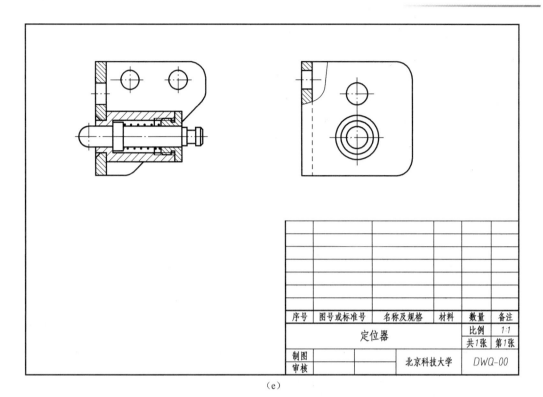

（e）

序号	图号或标准号	名称及规格	材料	数量	备注

定位器				比例	1:1
				共1张	第1张
制图			北京科技大学	DWQ-00	
审核					

（f）

序号	图号或标准号	名称及规格	材料	数量	备注

定位器				比例	1:1
				共1张	第1张
制图			北京科技大学	DWQ-00	
审核					

图 7.6　定位器的装配图的绘制过程（续）

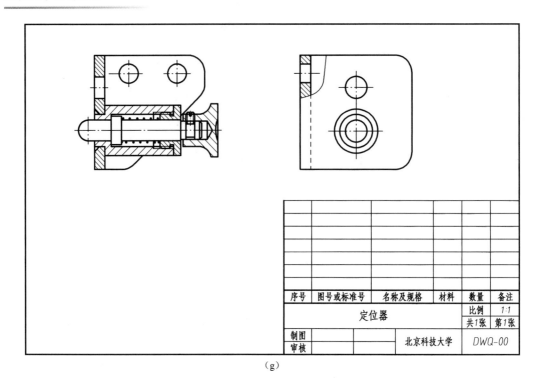

（g）

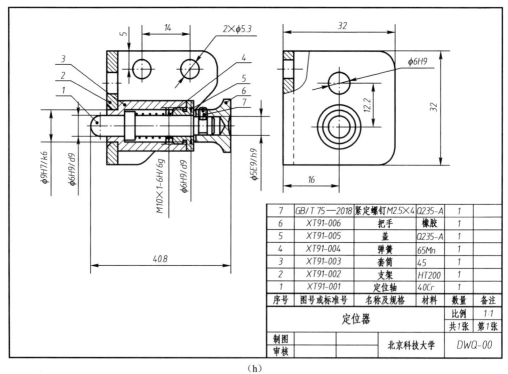

（h）

图 7.6　定位器的装配图的绘制过程（续）

例 7.2　根据千斤顶的装配示意图（图 7.7）和零件图（图 7.8）拼画装配图。

千斤顶的工作原理：千斤顶是利用螺旋转动来顶举重物的一种起重或顶压工具，常用于汽车修理及机械安装中。工作时,重物压在顶垫上,将绞杠穿入螺旋杆上部的孔中,动绞杠,因底座及螺套不动,则螺旋杆在作圆周运动的同时,靠螺纹的配合作上下移动,从而顶起或放下重物。螺套镶嵌在底座里,用螺钉定位,磨损后便于更换;顶垫套在螺旋杆顶部,其球面形成传递承重之配合面,由螺钉锁定,使顶垫不至脱落且能与螺旋杆相对转动。

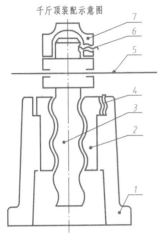

千斤顶零件明细表

7	XT90—005	顶垫	Q235-A	1	
6	GB/T 75—2018	螺钉 M8×12	Q235-A	1	
5	XT90—004	绞杠	Q235-A	1	
4	GB/T 73—2017	螺钉 M10×12	Q235-A	1	
3	XT90—003	螺旋杆	Q275-A	1	
2	XT90—002	螺套	ZCuA110Fe3	1	
1	XT90—001	底座	HT200	1	
序号	代　号	名　称	材　料	数量	备注

图 7.7　千斤顶的装配示意图和明细表

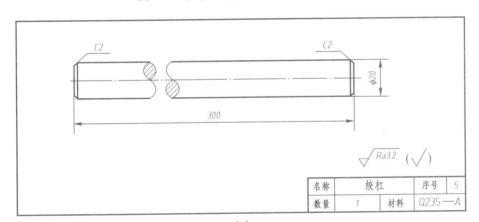

（a）

（b）

图 7.8　千斤顶主要零件的零件图

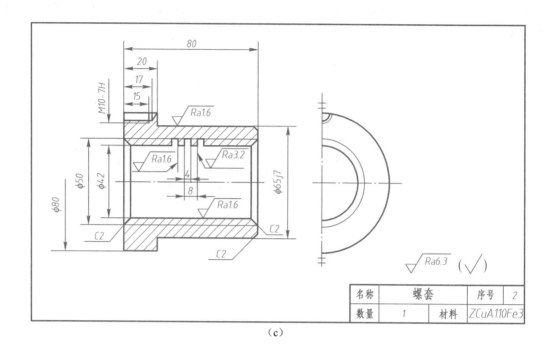

（c）

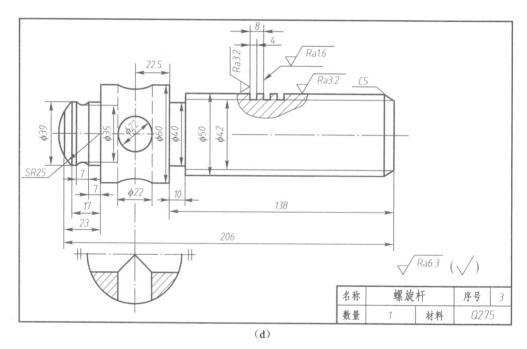

（d）

图 7.8　千斤顶主要零件的零件图（续）

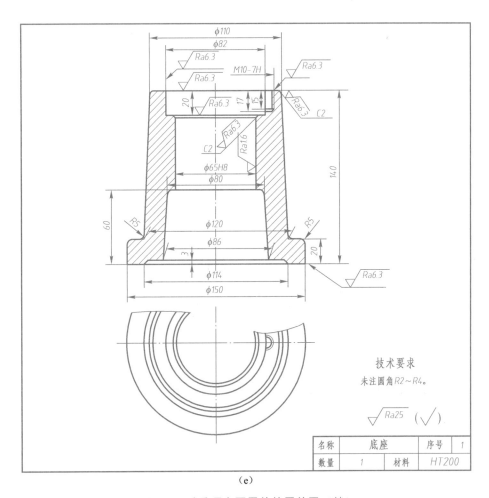

技术要求

未注圆角 R2~R4。

$\sqrt{Ra25}$ ($\sqrt{\quad}$)

名称	底座		序号	1
数量	1	材料		HT200

(e)

图 7.8　千斤顶主要零件的零件图（续）

千斤顶的装配图如图 7.9 所示。

例 7.3　**读懂外壳铣夹具的装配图（图 7.10），拆画模体（序号 3）的零件图。**

外壳铣夹具的工作原理：外壳铣夹具是铣床上铣削轴套零件上尺寸为 1.4 的铣削胎具。它是利用偏心轮夹紧工件进行铣削的。当工件套在芯轴 7 上后，通过把手 14 转动偏心轮 5，带动拉杆 8 做轴向移动，从而夹紧工件。模体 3 在底座 1 上可以转动。当需要在工件圆周的 90°方向铣槽时，松开螺杆 4，即可转动模体 3，转动位置靠钢球 10 定位。

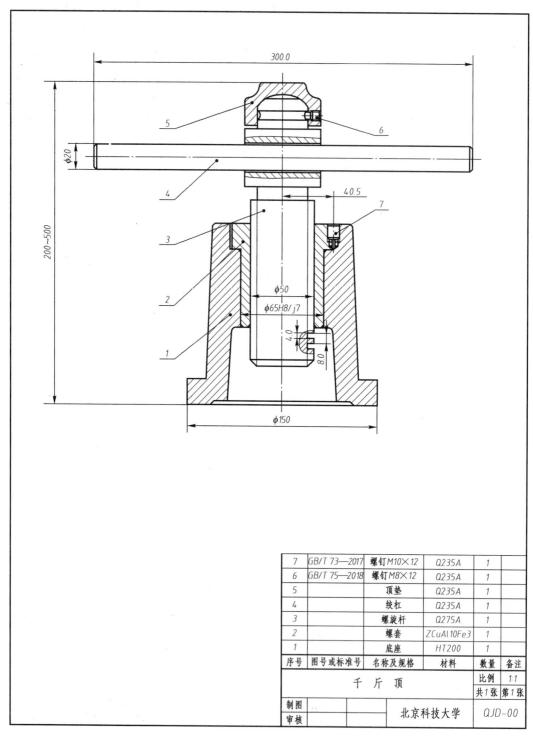

7	GB/T 73—2017	螺钉 M10×12	Q235A	1	
6	GB/T 75—2018	螺钉 M8×12	Q235A	1	
5		顶垫	Q235A	1	
4		绞杠	Q235A	1	
3		螺旋杆	Q275A	1	
2		螺套	ZCuAl10Fe3	1	
1		底座	HT200	1	
序号	图号或标准号	名称及规格	材料	数量	备注

千 斤 顶		比例	1:1
		共1张	第1张
制图	北京科技大学	QJD-00	
审核			

图 7.9 千斤顶的装配图

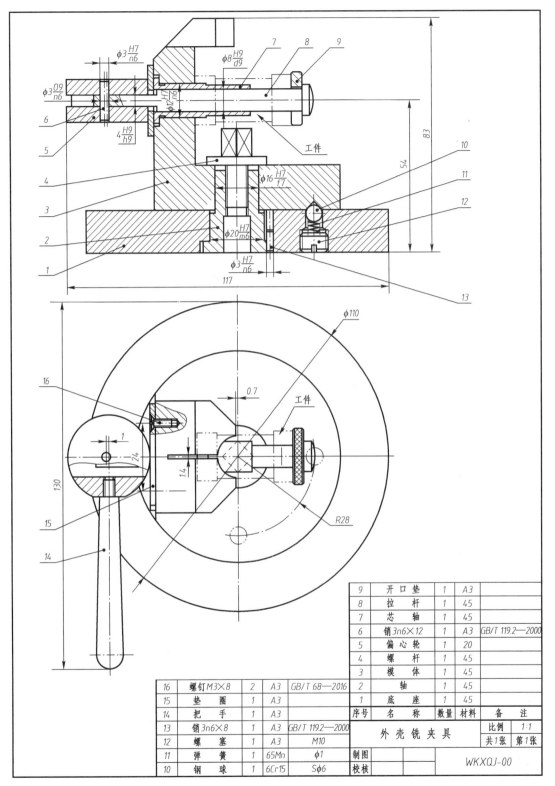

9	开 口 垫	1	A3	
8	拉 杆	1	45	
7	芯 轴	1	45	
6	销 3n6×12	1	A3	GB/T 119.2—2000
5	偏 心 轮	1	20	
4	螺 杆	1	45	
3	模 体	1	45	
2	轴	1	45	
1	底 座	1	45	
序号	名 称	数量	材料	备 注

16	螺钉 M3×8	2	A3	GB/T 68—2016
15	垫 圈	1	A3	
14	把 手	1	A3	
13	销 3n6×8	1	A3	GB/T 119.2—2000
12	螺 塞	1	A3	M10
11	弹 簧	1	65Mn	φ1
10	钢 球	1	6Cr15	Sφ6

外 壳 铣 夹 具

比例	1:1
共1张	第1张

制图
校核

WKXQJ-00

图 7.10 外壳铣夹具的装配图

拆画后模体的零件图如图 7.11 所示，模体的立体图如图 7.12 所示。

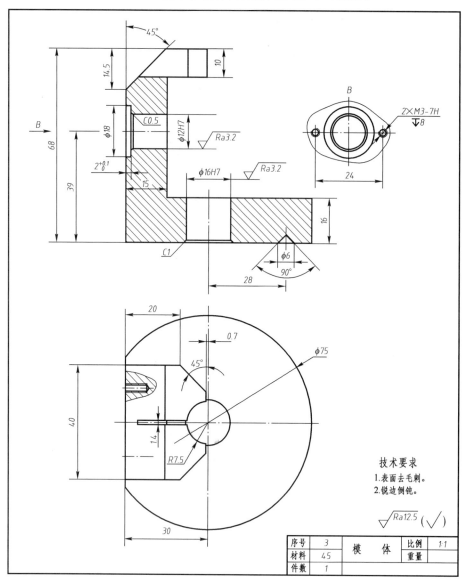

图 7.11　模体的零件图

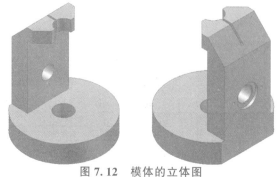

图 7.12　模体的立体图

7.3　自　测　题

1. 根据手动阀的装配立体图（图 7.13）和零件图（图 7.14）拼画装配图。

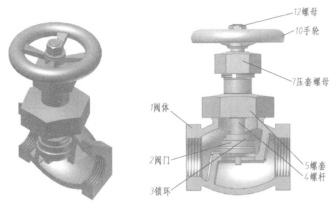

图 7.13　手动阀的装配立体图

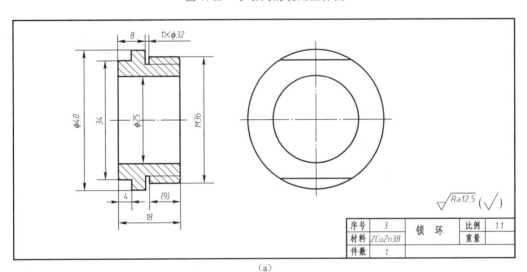

（a）

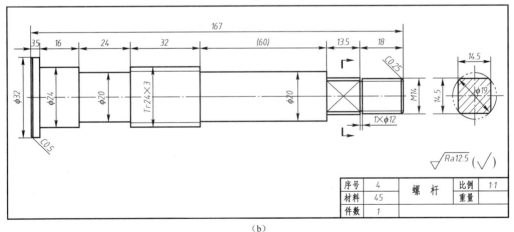

（b）

图 7.14　手动阀主要零件的零件图

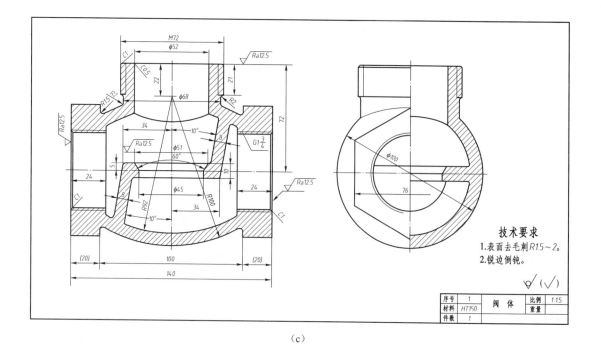

（c）

技术要求
1. 表面去毛刺R1.5～2。
2. 锐边倒钝。

序号	1	阀 体	比例	1:15
材料	HT150		重量	
件数	1			

技术要求
1. 未注圆角为R1。
2. 锐边倒棱。
3. 未注倒角为C1。

序号	2	阀 门	比例	1:1
材料	ZCuZn38		重量	
件数	1			

技术要求
锐边倒棱。

序号	7	压套螺母	比例	1:1
材料	Q235A		重量	
件数	1			

序号	5	螺 套	比例	1:5
材料	Q235A		重量	
件数	1			

（d）

图 7.14　手动阀主要零件的零件图（续）

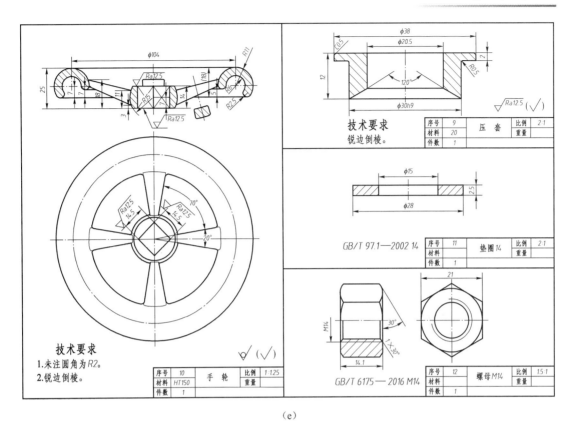

（e）

图 7.14 手动阀主要零件的零件图（续）

手动阀的工作原理：

（1）打开阀门：逆时针旋转手轮 10，带动螺杆 4 旋转并上升，螺杆 4 将阀门 2 提起，阀门 2 与阀体 1 贴合的锥孔打开。

（2）关闭阀门：顺时针旋转手轮 10，带动螺杆 4 旋转并下降，螺杆 4 将阀门 2 推下，使阀门 2 与阀体 1 的锥孔面贴合，从而关闭阀门。

2. 根据单级减速器的装配示意图（图 7.15）、分解立体图（图 7.16）和零件图（图 7.17）拼画装配图。

工作原理：减速器是改变原动机（如电动机）的转速，以适应工作机械（如皮带运输机、起重机等）要求的中间传动装置。减速器的种类很多，常用的是圆柱齿轮减速器和蜗轮蜗杆减速器。这里所列的一级齿轮减速器是最简单的减速器。减速器工作时，回转运动是通过件 17（齿轮轴）传入的，再经过件 17 上的小齿轮传递给零件 31（大齿轮）；件 31 与件 27（轴）通过件 30（平键）连接，这样，回转运动减速后传递给了件 27，工作时，再通过件 27 把运动传递给工作机械。主动轴与被动轴两端均用滚动轴承支承；工作时采用飞溅润滑，改善了齿轮传动的工作情况。件 9（垫片）、件 21（挡油环）、件 15、23（填料）都是为了防止润滑油渗漏或灰尘进入轴承的。件 25（支承环）防止件 31（大齿轮）的轴向窜动；件 18 和 26（调整环）用来调整两轴的轴向间隙。减速器机体、机盖用件 1（销）定位，并用螺栓紧固。机盖顶部有观察孔，机体下部有放油孔。件 20 为观察油面高度的油标。件 13、14 用于排放油污。

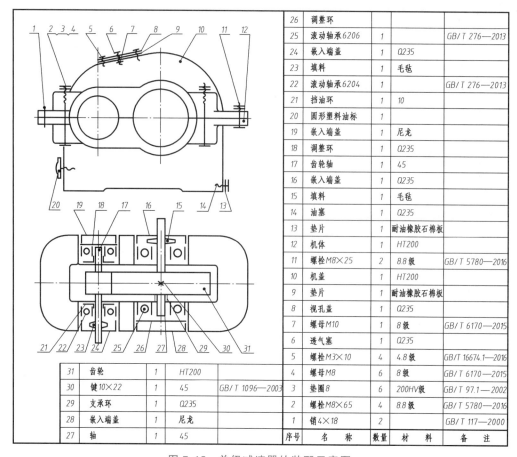

序号	名 称	数量	材 料	备 注
26	调整环			
25	滚动轴承6206	1		GB/T 276—2013
24	嵌入端盖	1	Q235	
23	填料	1	毛毡	
22	滚动轴承6204	1		GB/T 276—2013
21	挡油环	1	10	
20	圆形塑料油标	1		
19	嵌入端盖	1	尼龙	
18	调整环	1	Q235	
17	齿轮轴	1	45	
16	嵌入端盖	1	Q235	
15	填料	1	毛毡	
14	油塞	1	Q235	
13	垫片	1	耐油橡胶石棉板	
12	机体	1	HT200	
11	螺栓M8×25	2	8.8级	GB/T 5780—2016
10	机盖	1	HT200	
9	垫片	1	耐油橡胶石棉板	
8	视孔盖	1	Q235	
7	螺母M10	1	8级	GB/T 6170—2015
6	透气塞	1	Q235	
5	螺栓M3×10	4	4.8级	GB/T 16674.1—2016
4	螺母M8	6	8级	GB/T 6170—2015
3	垫圈8	6	200HV级	GB/T 97.1—2002
2	螺栓M8×65	4	8.8级	GB/T 5780—2016
1	销4×18	2		GB/T 117—2000
序号	名 称	数量	材 料	备 注

31	齿轮	1	HT200	
30	键10×22	1	45	GB/T 1096—2003
29	支承环	1	Q235	
28	嵌入端盖	1	尼龙	
27	轴	1	45	

图 7.15　单级减速器的装配示意图

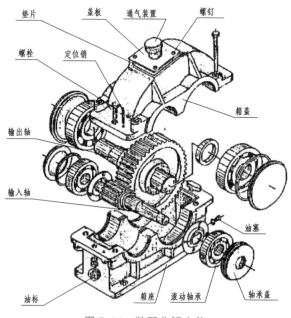

图 7.16　装配分解立体

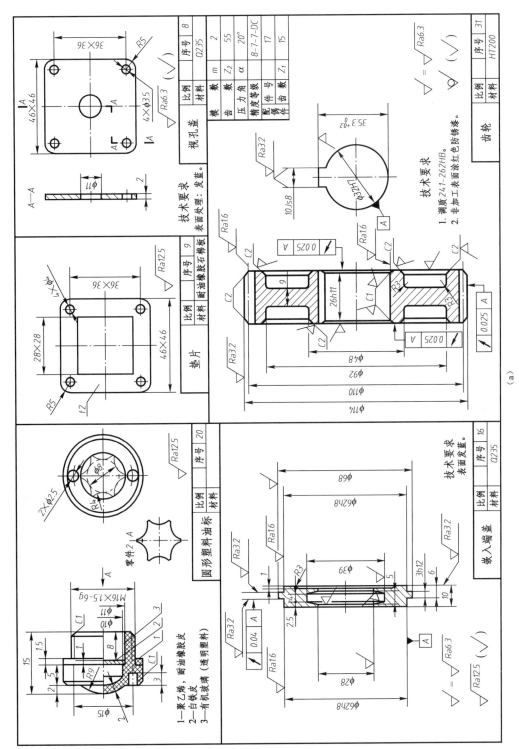

(a)

图7.17 单级减速器主要零件的零件图

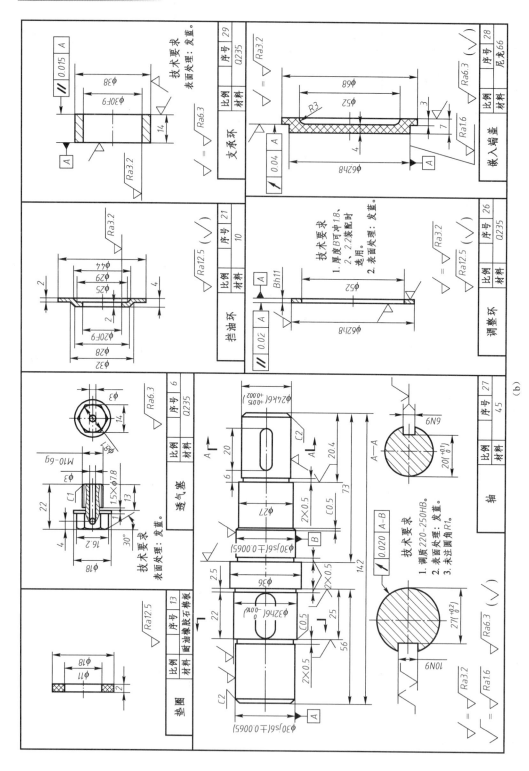

图7.17 单级减速器主要零件的零件图（续）

(b)

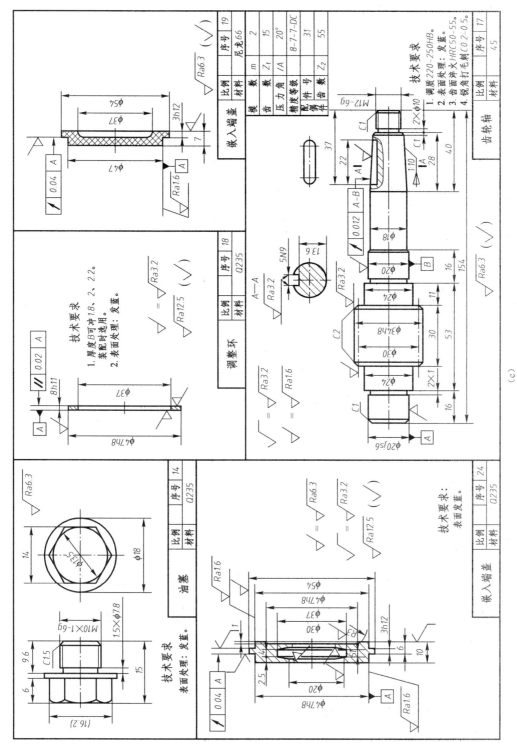

图7.17 单级减速器主要零件的零件图（续）

(c)

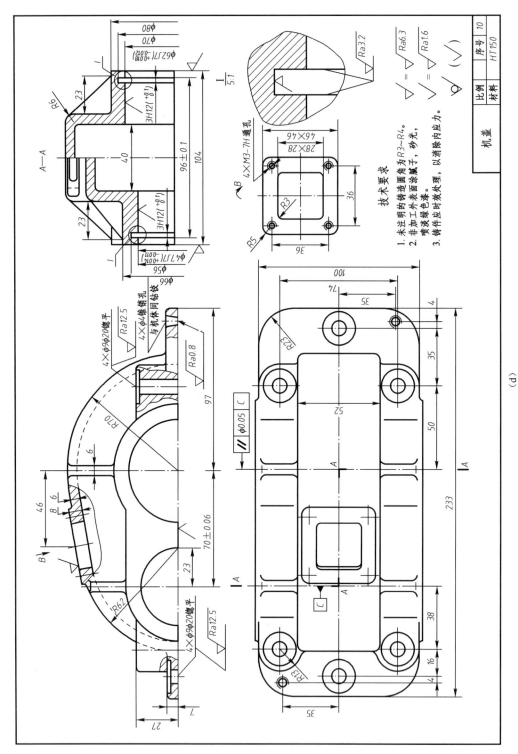

图7.17 单级减速器主要零件的零件图（续）

(d)

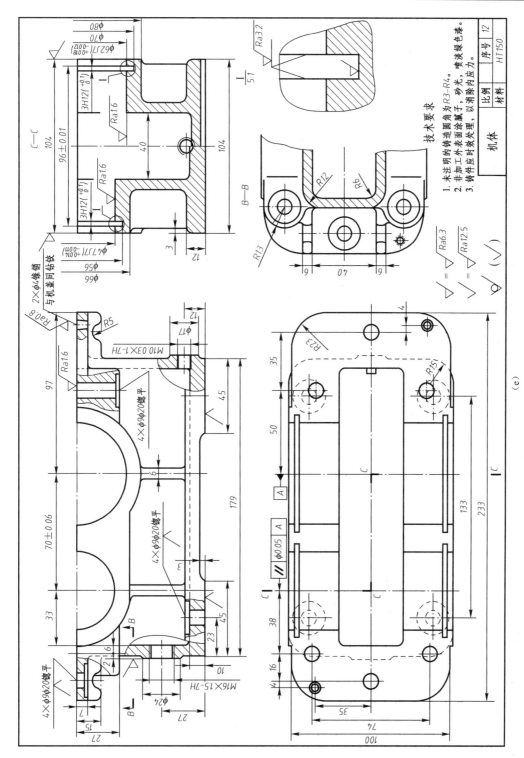

图 7.17　单级减速器主要零件的零件图（续）

(e)

3. 根据铣刀头的装配示意图（图 7.18）和零件图（图 7.19）拼画装配图。

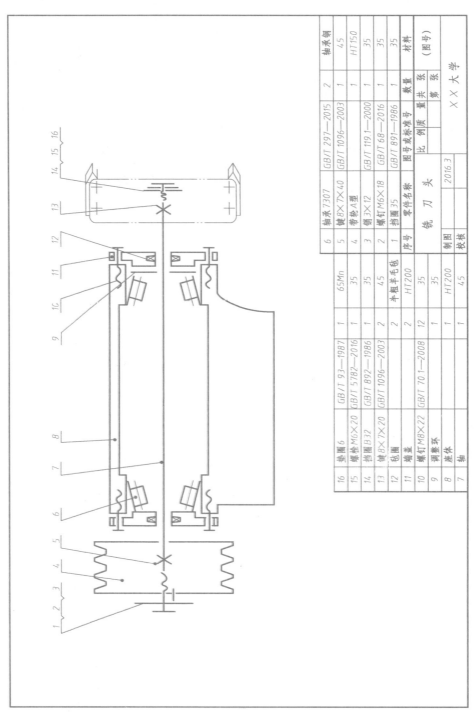

6	轴承 7307	GB/T 297—2015	2	轴承钢
5	键 8×7×40	GB/T 1096—2003	1	45
4	带轮 A 型		1	HT150
3	销 3×12	GB/T 119.1—2000	1	35
2	螺钉 M6×18	GB/T 68—2016	1	35
1	挡圈 35	GB/T 891—1986	1	35
序号	零件名称	图号或标准号	数量	材料
				（图号）
制图	铣 刀 头	比 例 质 量	共 张	XX 大学
校核		2016.3	第 张	

16	垫圈 6	GB/T 93—1987	1	65Mn
15	螺栓 M6×20	GB/T 5782—2016	1	35
14	挡圈 B32	GB/T 892—1986	1	35
13	键 8×7×20	GB/T 1096—2003	2	45
12	毡圈		2	半粗羊毛毡
11	端盖		2	HT200
10	螺钉 M8×22	GB/T 70.1—2008	12	35
9	调整环		1	35
8	座体		1	HT200
7	轴		1	45

图 7.18 铣刀头的装配示意图

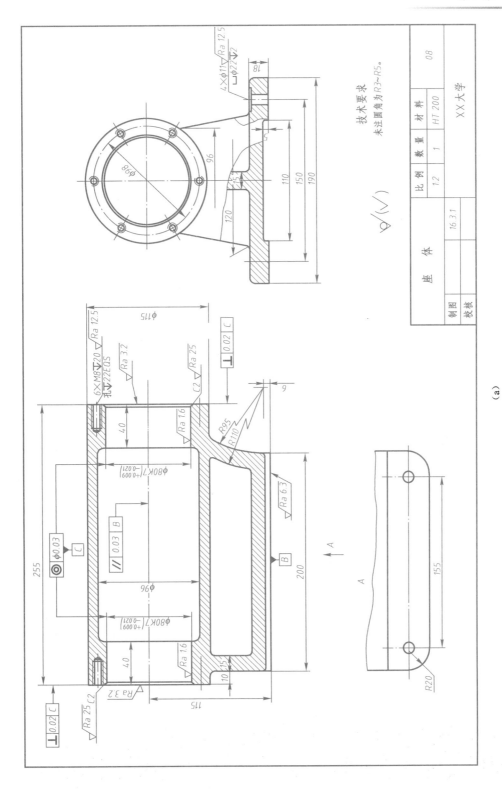

图7.19　铣刀头主要零件的零件图

(a)

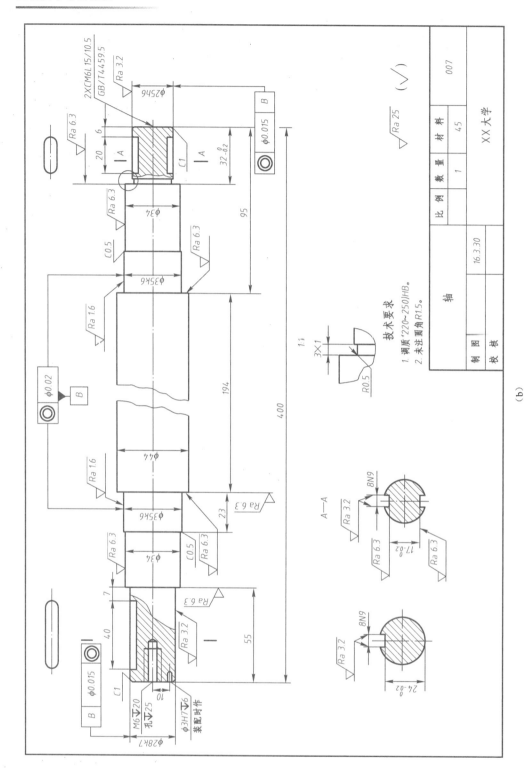

图7.19　铣刀头主要零件的零件图（续）

（b）

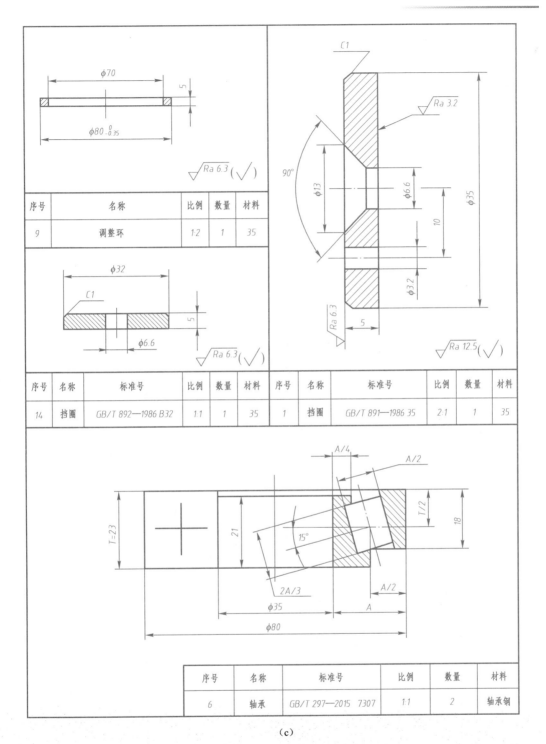

（c）

图 7.19　铣刀头主要零件的零件图（续）

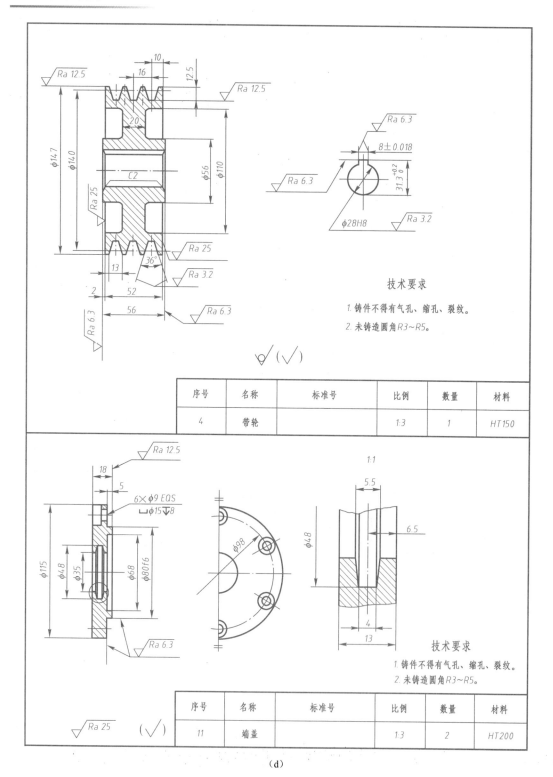

图 7.19　铣刀头主要零件的零件图（续）

4. 读懂机用虎钳的装配图（图 7.20），拆画钳身（序号 1）的零件图。

机用虎钳的工作原理：使用时，将工件（双点画线）放在两个钳口板 2 之间，顺时针转动手柄 8，带动螺杆 7 旋转并向左推动活动钳身 3，即可将工件夹紧；逆时针旋转手柄 8，带动螺杆 7 旋转并向右移动，螺杆 7 带动 C 型块 5 和卡套 6 拉动活动钳身 3，即可将工件松开。

5. 读懂隔膜阀的装配图（图 7.21），拆画阀体（序号 13）的零件图。

隔膜阀的工作原理：隔膜阀是一种用于管路中阻断和接通流体的部件。当阀头 1 受到向右推力时通过隔膜 6 推动阀杆 7 向右移并压缩弹簧 12，打开了阀杆 7 上六个半圆槽与胶垫 9 间的通道，流体由进口流向出口，当撤销阀头 1 的向右推力，则弹簧 12 促使阀杆 7 向左复位，阻断流体流动。

6. 读懂手压阀的装配图（图 7.22），拆画阀体（序号 8）的零件图。

手压阀的工作原理：手压阀是吸进或者排除液体的一种手动阀门。当握住手柄向下压紧阀杆时，弹簧因受力压缩使阀杆向下移动，液体入口与出口相通；当向上抬起时，由于弹簧力的作用，阀杆向上压紧阀体，使液体入口与出口不通。

7. 读懂螺旋压紧机构的装配图（图 7.23），拆画体（序号 4）的零件图。

螺旋压紧机构的工作原理：用扳手旋转套筒螺母 11，丝杠 5 因导向销 12 的制约不能转动，但可以沿轴向左右移动。当丝杠 5 在主视图上向右移动时，通过杠杆 2 的作用，压柱 1 的球面压紧工件。当丝杠 5 向左移动时，弹簧 16 使杠杆 2 复位，压柱 1 松开工件。

8. 读懂机油泵的装配图（图 7.24），拆画泵体（序号 2）的零件图。

机油泵的工作原理：在泵体 2 内装有一对啮合齿轮 3 和 6，主动齿轮用销 5 固定在主动轴 1 上，从动齿轮 6 套在从动轴 7 上，当主动齿轮逆时针回转时（从左视图上看），机油将从泵体底部 $\varphi 10$ 孔吸入，然后经管接头 17 压出，如果在输出管道中发生堵塞，则高压油可将球 15 顶开，回油后降压，从而起保护机油泵的作用。

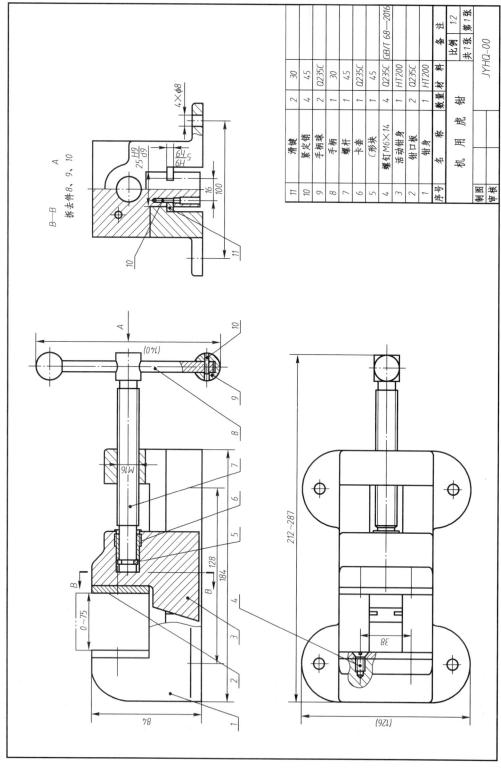

序号	名 称	数量	材 料	备 注
11	滑键	2	30	
10	紧定销	4	45	
9	手柄球	2	Q235C	
8	手柄	1	30	
7	螺杆	1	45	
6	卡套	1	Q235C	
5	C形块	1	45	
4	螺钉M6×14	4	Q235C	GB/T 68—2016
3	活动钳身	1	HT200	
2	钳口板	2	Q235C	
1	钳身	1	HT200	

机 用 虎 钳		比例	1:2	
		共1张	第1张	
制图				
审核		JYHQ-00		

图7.20 机用虎钳的装配图

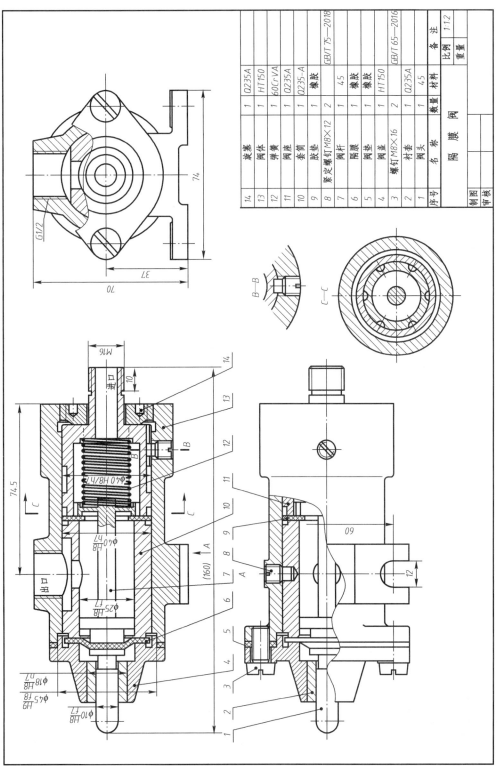

序号	名 称	数量	材 料	备 注
14	堵塞	1	Q235A	
13	阀体	1	HT150	
12	弹簧	1	60CrVA	
11	阀座	1	Q235A	
10	套筒	1	Q235-A	
9	胶垫	1	橡胶	
8	紧定螺钉 M8×12	2		GB/T 75—2018
7	阀杆	1	45	
6	隔膜	1	橡胶	
5	阀垫	1	橡胶	
4	阀盖	1	HT150	
3	螺钉 M8×16	2		GB/T 65—2016
2	衬套	1	Q235A	
1	阀头	1	45	

			隔 膜 阀	比例	1:1
				重量	
制图				
审核				

图7.21 隔膜阀的装配图

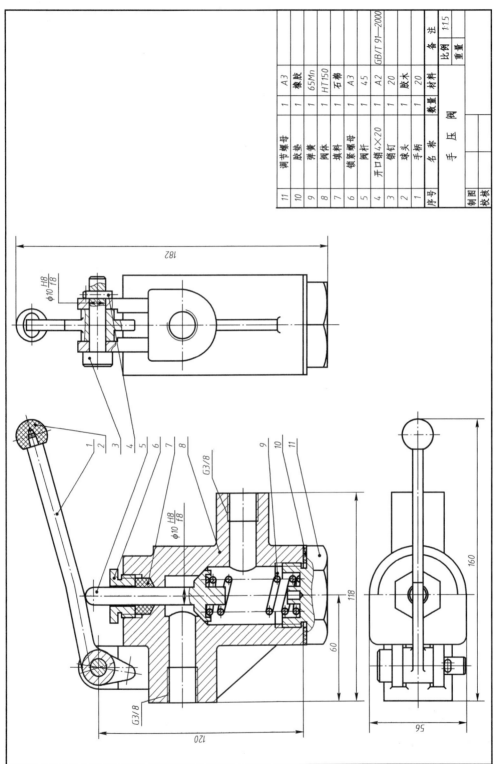

序号	名 称	数量	材料	备 注
11	调节螺母	1	A3	
10	胶垫	1	橡胶	
9	弹簧	1	65Mn	
8	阀体	1	HT150	
7	填料	1	石棉	
6	填料螺母	1	A3	
5	阀杆	1	45	
4	开口销4×20	1	A2	GB/T 91—2000
3	销钉	1	20	
2	球头	1	胶木	
1	手柄	1	20	

手 压 阀

比例	1:5
重量	

制图
校核

图7.22 手压阀的装配图

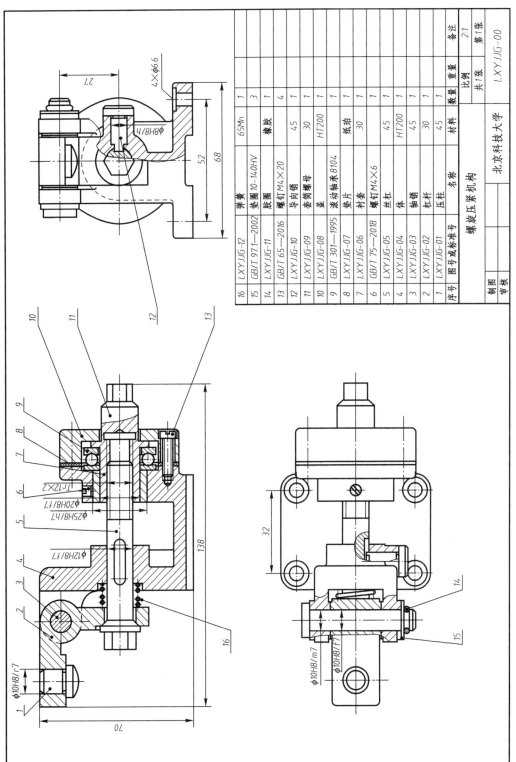

图 7.23 螺旋压紧机构的装配图

序号	图号或标准号	名称	材料	数量	重量	备注
16	LXYJJG-12	弹簧	65Mn	1		
15	GB/T 97.1—2002	垫圈 10-140HV		3		
14	LXYJJG-11	胶圈	橡胶	4		
13	GB/T 65—2016	螺钉M4×20	4.5	1		
12	LXYJJG-10	导向销	30	1		
11	LXYJJG-09	套筒螺母	45	1		
10	LXYJJG-08	盖	HT200	1		
9	GB/T 301—1995	滚动轴承 8104		1		
8	LXYJJG-07	垫片	纸珀	1		
7	LXYJJG-06	衬套	30	1		
6	GB/T 75—2018	螺钉M4×6	4.5	1		
5	LXYJJG-05	丝杠	HT200	1		
4	LXYJJG-04	体	45	1		
3	LXYJJG-03	轴销	30	1		
2	LXYJJG-02	杠杆	45	1		
1	LXYJJG-01	压柱				

螺旋压紧机构

北京科技大学

| 制图 | | 共1张 | 第1张 | 2:1 | LXYJJG-00 |
| 审核 | | | | 比例 | |

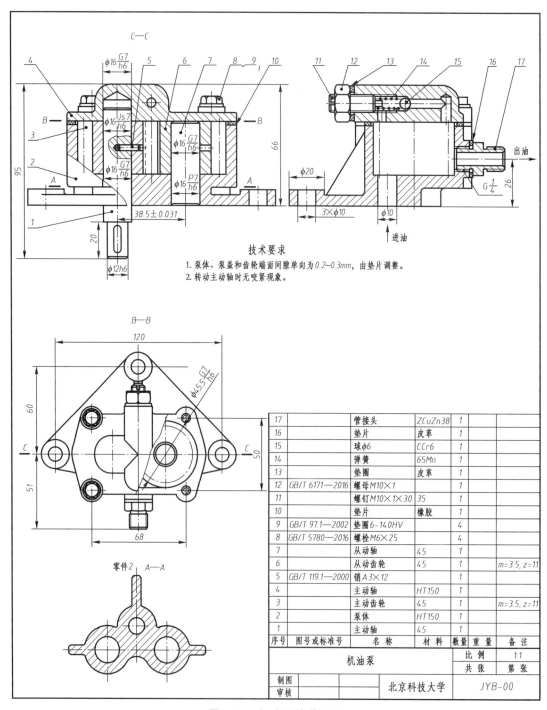

17		管接头	ZCuZn38	1		
16		垫片	皮革	1		
15		球φ6	CCr6	1		
14		弹簧	65Mn	1		
13		垫圈	皮革	1		
12	GB/T 6171—2016	螺母M10×1		1		
11		螺钉M10×1×30	35	1		
10		垫片	橡胶	1		
9	GB/T 97.1—2002	垫圈6-140HV		4		
8	GB/T 5780—2016	螺栓M6×25		4		
7		从动轴	45	1		
6		从动齿轮	45	1		m=3.5, z=11
5	GB/T 119.1—2000	销A3×12		1		
4		主动轴	HT150	1		
3		主动齿轮	45	1		m=3.5, z=11
2		泵体	HT150	1		
1		主动轴	45	1		
序号	图号或标准号	名 称	材料	数量	重量	备 注

机油泵		比 例	1:1
		共 张	第 张
制图		北京科技大学	JYB-00
审核			

技术要求

1. 泵体、泵盖和齿轮端面间隙单向为0.2~0.3mm，由垫片调整。
2. 转动主动轴时无咬紧现象。

图 7.24 机油泵的装配图

7.4 自测题答案

1.

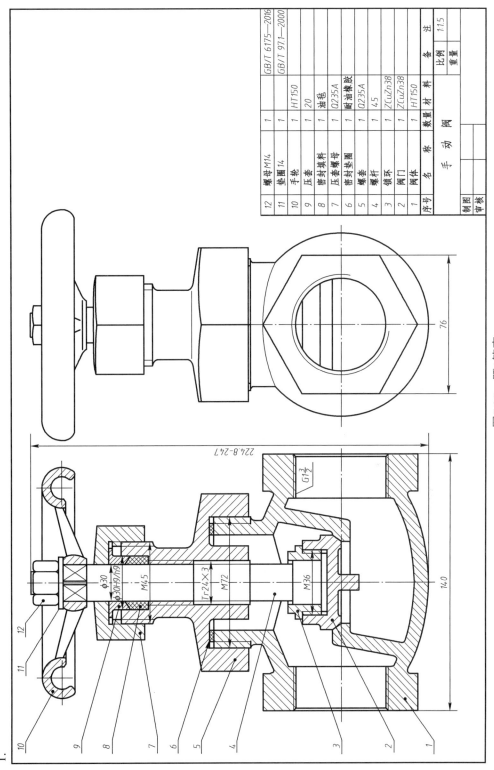

图7.25 题1答案

序号	名 称	数量	材 料	备 注
12	螺母M14	1		GB/T 6175—2016
11	垫圈14	1		GB/T 97.1—2000
10	手轮	1	HT150	
9	压套	1	20	
8	密封填料	1	油毡	
7	压套螺母	1	Q235A	
6	密封垫圈	1	耐油橡胶	
5	螺套	1	Q235A	
4	螺杆	1	45	
3	锁环	1	ZCuZn38	
2	阀门	1	ZCuZn38	
1	阀体	1	HT150	

手 动 阀

制图
审核

比例 1:1.5
重量

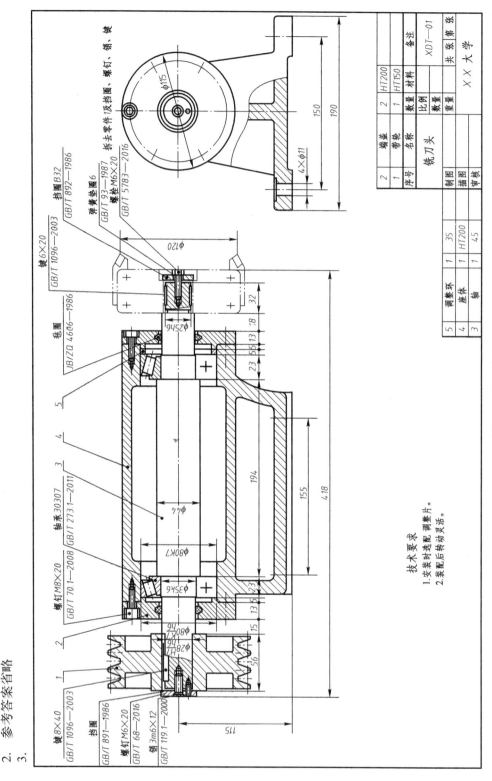

图7.26　题3答案

2.　参考答案省略

3.

4.

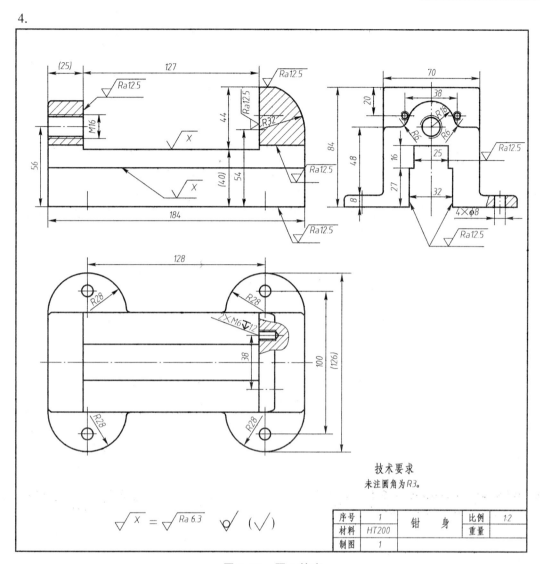

技术要求

未注圆角为R3。

$\sqrt{X} = \sqrt{Ra\ 6.3}$　$\sqrt{}$　$(\sqrt{})$

序号	1	钳　　身	比例	1:2
材料	HT200		重量	
制图	1			

图 7.27　题 4 答案

图7.28 题5答案

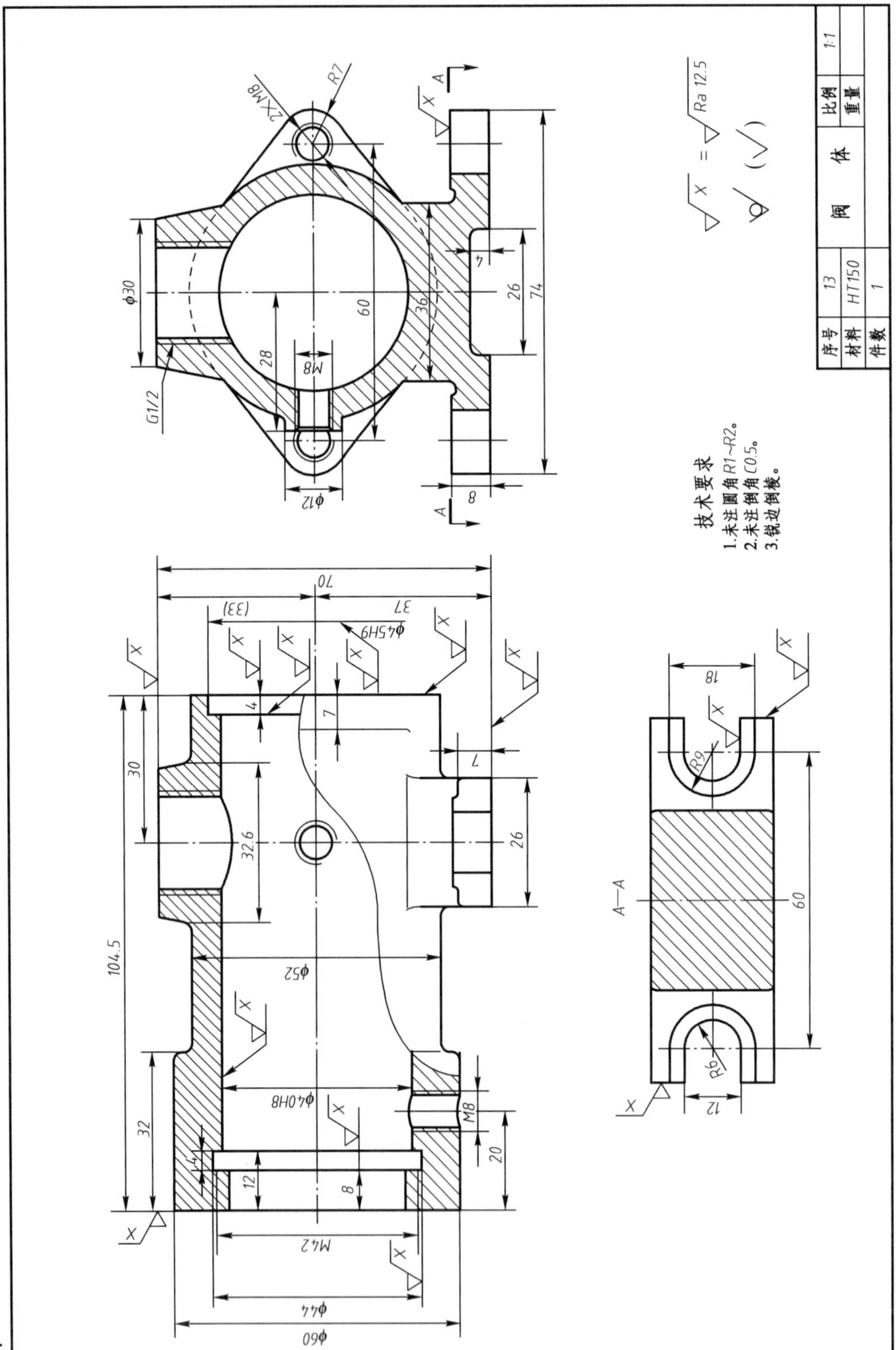

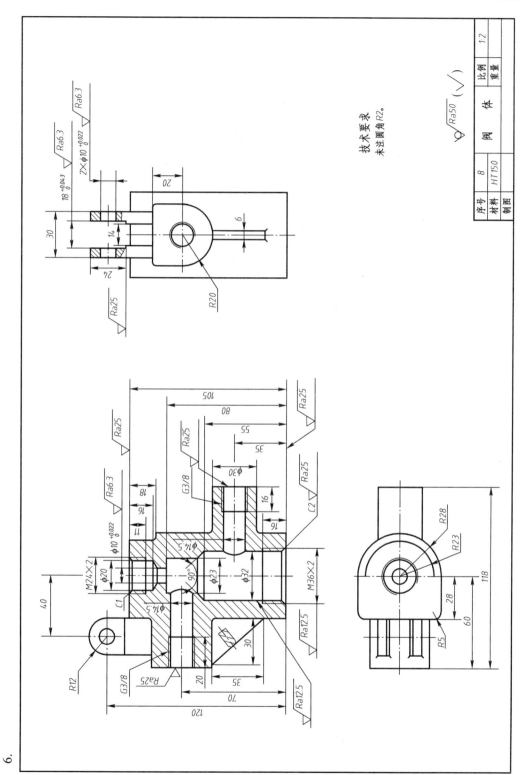

图7.29 题6答案

6.

序号	8		比例	1:2
材料	HT150	阀 体	重量	
制图				

技术要求
未注圆角 R2。

7.

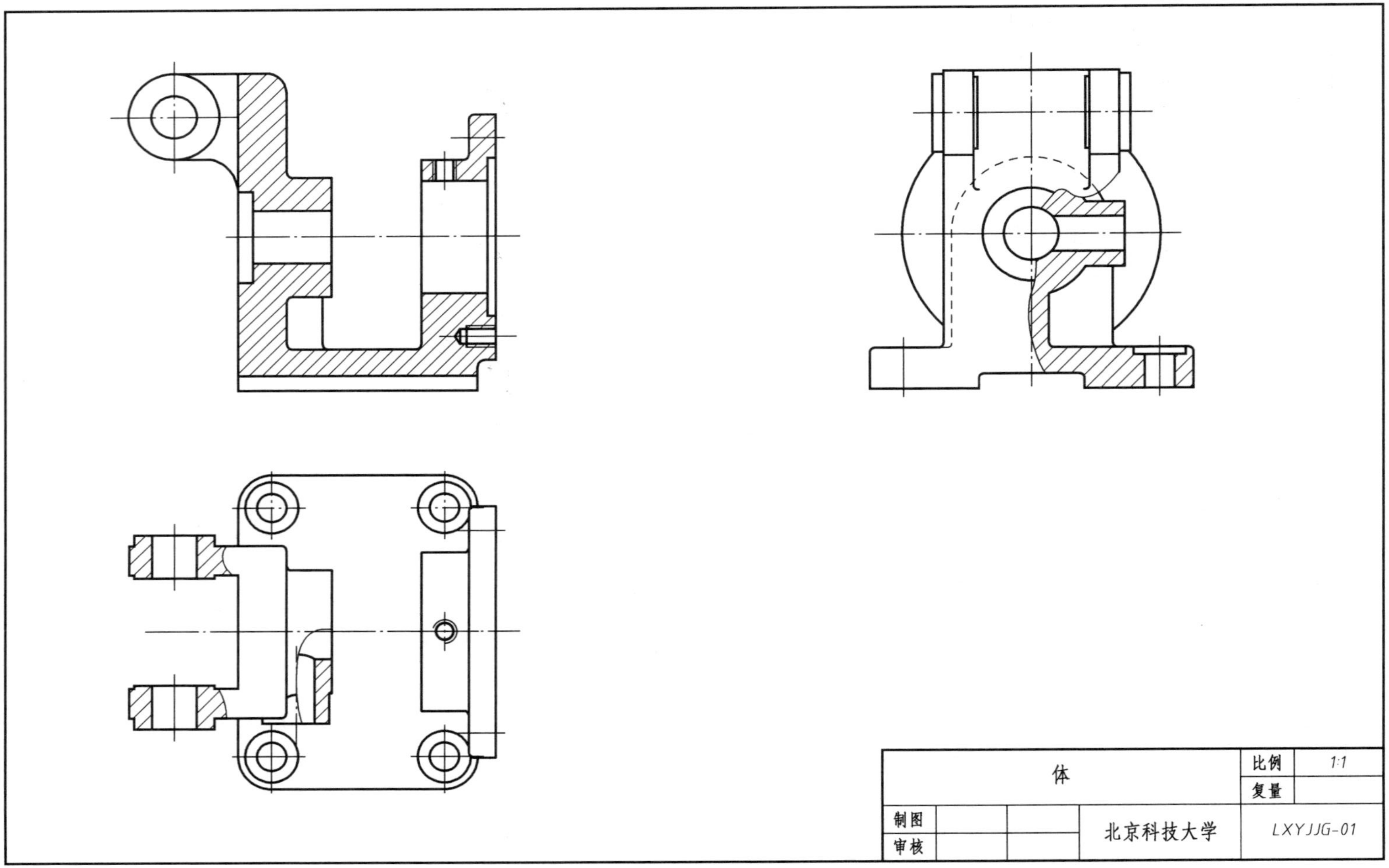

制图			北京科技大学	比例	1:1
审核				复量	
			体		LXYJJG-01

图7.30　题7答案

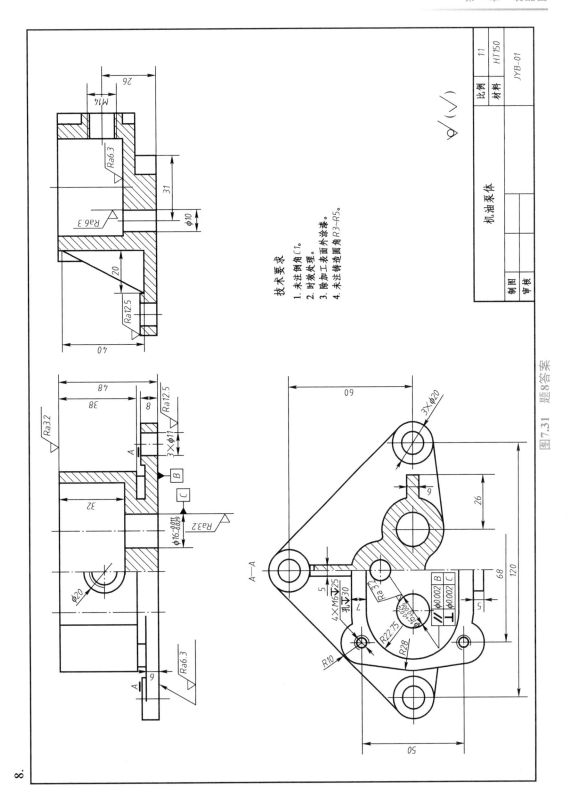

图7.31　题8答案

7.5 自测题立体图提示

1. 参考立体图省略
2. 参考立体图省略
3.

图 7.32 题 3 参考立体图

4.

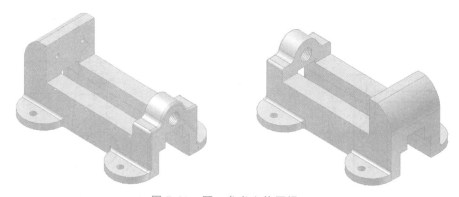

图 7.33 题 4 参考立体图提示

5.

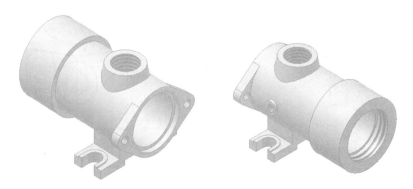

图 7.34 题 5 参考立体图

6.

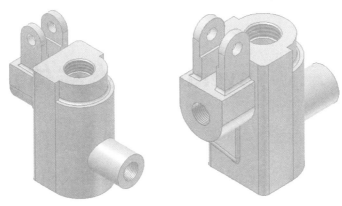

图 7.35 题 6 参考立体图

7.

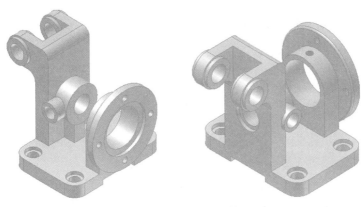

图 7.36 题 7 参考立体图

8.

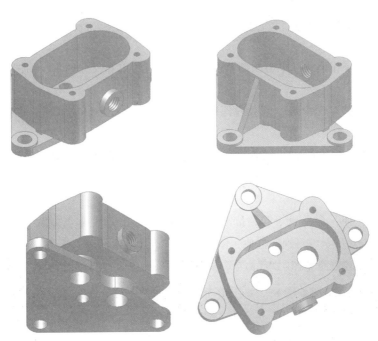

图 7.37 题 8 参考立体图

第8章 Inventor 三维实体造型

8.1 拉伸特征——手柄和戒指

8.1.1 手柄

例 8.1 建立如图 8.1 所示的手柄模型。

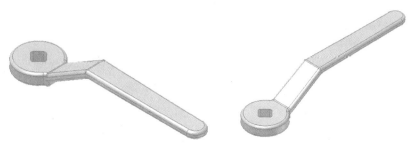

图 8.1 手柄模型

1. 模型分析

可以从两个方向对手柄进行拉伸造型，利用拉伸特征中的"求交"的布尔运算。

2. 操作步骤

（1）进入零件工作模式，单击绘制草图，标注几何约束和尺寸约束，如图 8.2（a）所示，结束草图。

（2）单击"拉伸"命令 ，设置拉深距离为 30，如图 8.2（b）所示，得到的拉伸实体如图 8.2（c）所示。

（3）单击"创建二维草图" 命令，单击原始坐标系的 YZ 平面为草图平面，为了便于绘制草图，在绘图区域内点击右键，在弹出的右键菜单点击"切片观察"，画出草图，如图 8.2（d）所示，结束草图。

（4）单击"拉伸"命令 ，拉伸范围为"贯通"，操作方式为"交集"，拉伸方向为"对称"，如图 8.2（e）所示，得到的拉伸实体如图 8.2（f）所示。

（5）单击"创建二维草图" 命令，选择圆柱头的上表面为草图平面，单击"正多边形"命令 ，绘制正方形草图如图 8.2（g）所示。单击"拉伸"命令 ，拉伸范围为"贯通"，操作方式为"差集"，如图 8.2（h）所示，得到的拉伸实体如图 8.2（i）所示。

（6）单击"圆角"命令 ，圆角半径为 2，选择需要圆角的边，得到的圆角实体如图 8.2（j）所示。

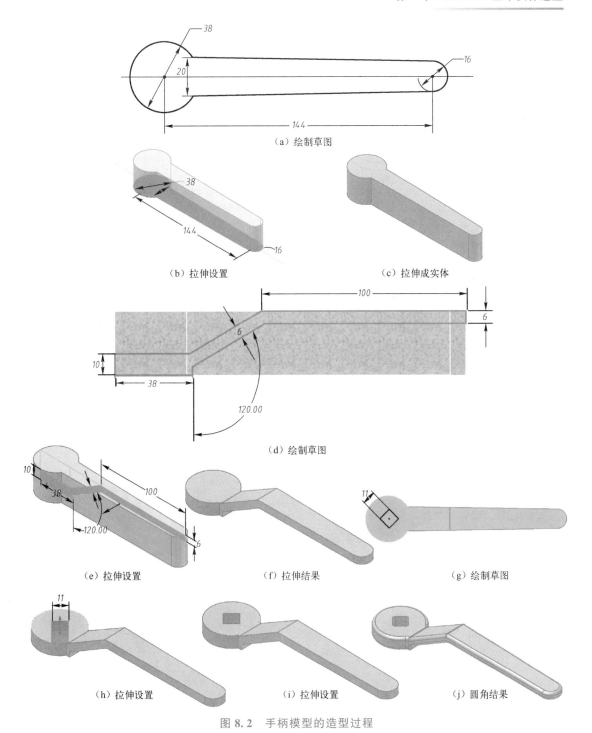

（a）绘制草图

（b）拉伸设置　　　　　　　　　　　　　　（c）拉伸成实体

（d）绘制草图

（e）拉伸设置　　　　　　（f）拉伸结果　　　　　　（g）绘制草图

（h）拉伸设置　　　　　　（i）拉伸设置　　　　　　（j）圆角结果

图 8.2　手柄模型的造型过程

8.1.2　戒指

例 8.2　根据戒指的视图和尺寸（图 8.3），对其进行三维建模。

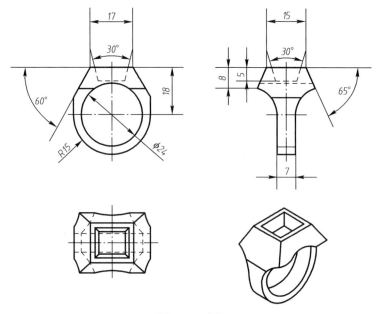

图 8.3　戒指

模型分析

通过主视图和左视图可知，戒指可以通过拉伸求交的方式求得，其建模步骤如图 8.4 所示。

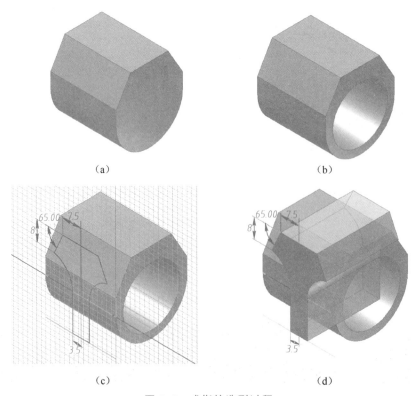

（a）　　　　　　　　　　　　　　　　　（b）

（c）　　　　　　　　　　　　　　　　　（d）

图 8.4　戒指的造型过程

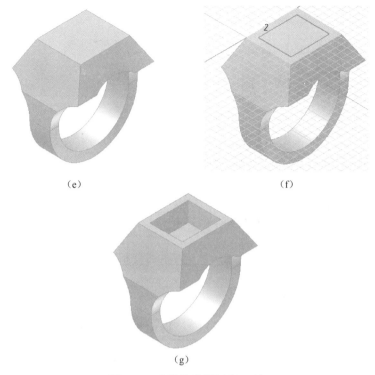

（e）　　　　　　　　　　　　　（f）

（g）

图 8.4　戒指的造型过程（续）

8.2　旋转特征——滑轮

例 8.3　建立如图 8.5 所示的滑轮模型，其零件图如图 8.6 所示。

图 8.5　滑轮模型

1. 模型分析

滑轮是一个回转体，其可以通过旋转的方式生成；表面锐边的部分可以通过倒角或圆角实现。

2. 操作步骤

（1）进入零件工作模式，绘制草图如图 8.7（a）所示。

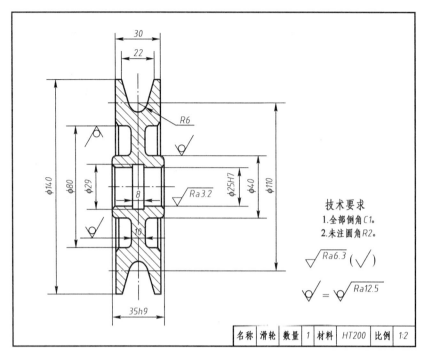

图 8.6　滑轮零件图

（2）单击"旋转"命令，选择截面轮廓和旋转轴，如图 8.7（b）所示。旋转后得到的结果如图 8.7（c）所示。

（3）单击"倒角"命令，选择两侧需要倒角的边，倒角方式为等距离，距离为 1，如图 8.7（d）所示。倒角后得到的结果如图 8.7（e）所示。

（4）单击"圆角"命令，选择两侧需要圆角的边，圆角半径为 2，如图 8.7（f）所示。圆角后得到的结果如图 8.7（g）所示。

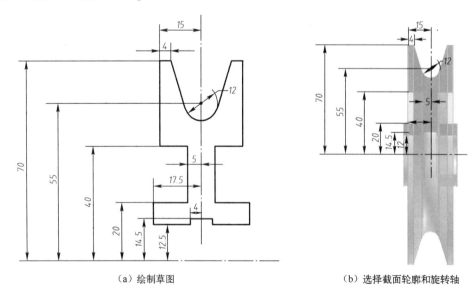

（a）绘制草图　　　　　　　　　　　　　　（b）选择截面轮廓和旋转轴

图 8.7　滑轮的造型过程

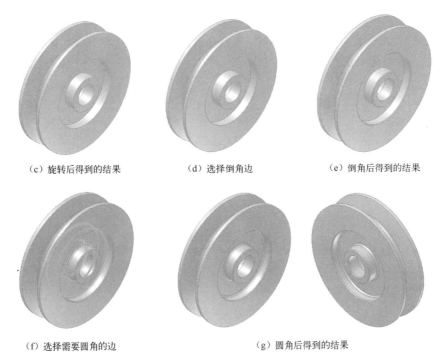

（c）旋转后得到的结果　　　　（d）选择倒角边　　　　（e）倒角后得到的结果

（f）选择需要圆角的边　　　　　　　（g）圆角后得到的结果

图 8.7　滑轮的造型过程（续）

8.3　放样特征——香皂和把手

8.3.1　香皂

例 8.4　建立如图 8.8 所示的香皂模型。

1. 模型分析

香皂的造型相对比较简单，可以通过放样和圆角操作实现。

2. 操作步骤

（1）进入零件工作模式，绘制草图，如图 8.9（a）所示。

（2）单击"工作平面" 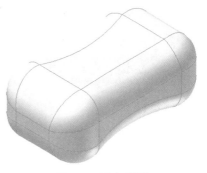 命令，单击原始作标系的 XY 平面，拖动此平面在弹出的对话框中输入 30，生成工作平面 1，如图 8.9（b）所示。将工作平面 1 作为草图平面，绘制草图，如图 8.9（c）所示。

图 8.8　香皂模型

（3）单击"工作平面" 命令，单击工作平面 1，拖动此平面在弹出的对话框中输入 30，生成工作平面 2，如图 8.9（d）所示。将工作平面 2 作为草图平面，将草图 1 投射到该草图平面上，如图 8.9（e）所示。

（4）单击"放样" 命令，依次选择草图 1～草图 3，如图 8.9（f）所示，生成实体并隐藏工作平面后如图 8.9（g）所示。

（5）单击"圆角"命令 ，选择两侧需要圆角的边，圆角半径为 8，如图 8.9（h）所示。

圆角后得到的结果如图8.9（i）所示。

（6）单击"圆角"命令 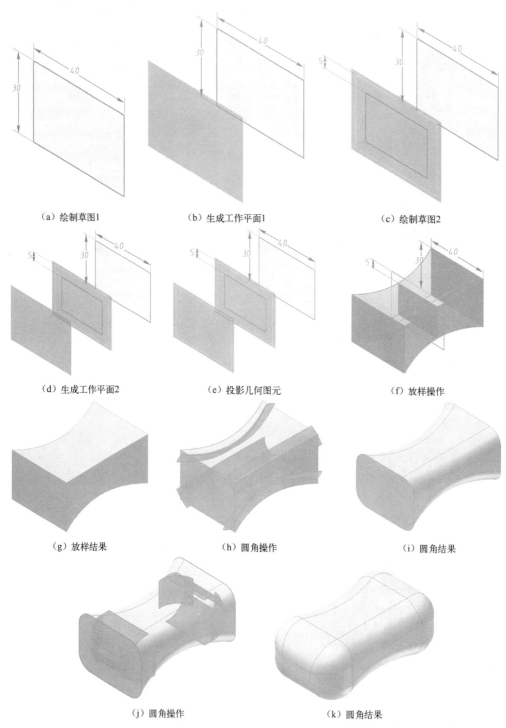，选择两侧需要圆角的边，圆角半径为10，如图8.9（j）所示。圆角后得到的结果如图8.9（k）所示。

（a）绘制草图1　　　　　　（b）生成工作平面1　　　　　　（c）绘制草图2

（d）生成工作平面2　　　　　　（e）投影几何图元　　　　　　（f）放样操作

（g）放样结果　　　　　　（h）圆角操作　　　　　　（i）圆角结果

（j）圆角操作　　　　　　（k）圆角结果

图8.9　香皂的造型过程

8.3.2 把手

例 8.5　根据把手的视图和尺寸（图 8.10），对其进行三维建模。

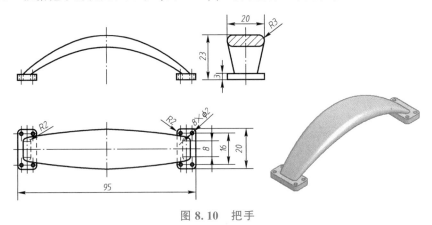

图 8.10　把手

模型分析

主要分成三大部分结构，两个固定部分，中间是连接部分，其建模步骤如图 8.11 所示。

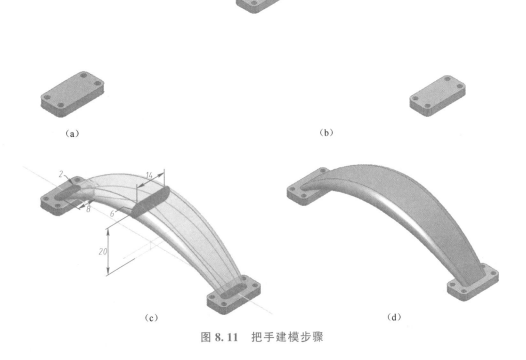

图 8.11　把手建模步骤

8.4　加强筋特征——十字接头

例 8.6　根据十字接头的视图和尺寸（图 8.12），对其进行三维建模。

模型分析

主要分成三大部分结构，两个工作部分，中间是连接部分，其建模步骤如图 8.13 所示。

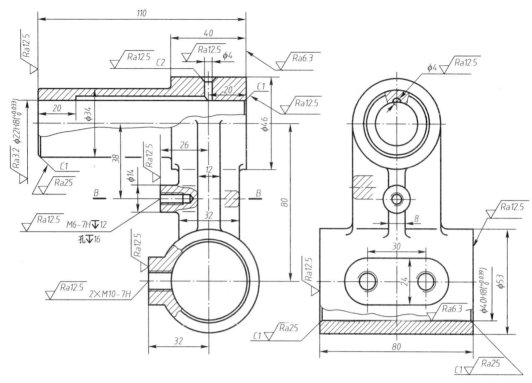

图 8.12　十字接头

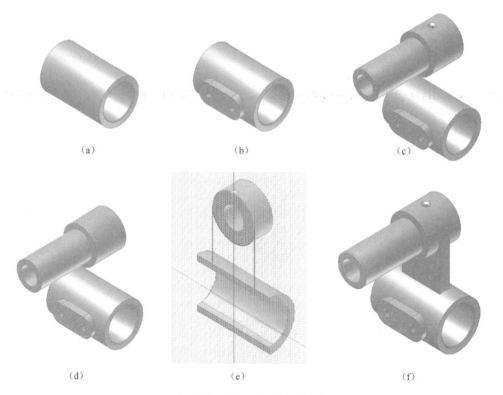

（a）　　　　　　　　　　（b）　　　　　　　　　　（c）

（d）　　　　　　　　　　（e）　　　　　　　　　　（f）

图 8.13　十字接头建模步骤

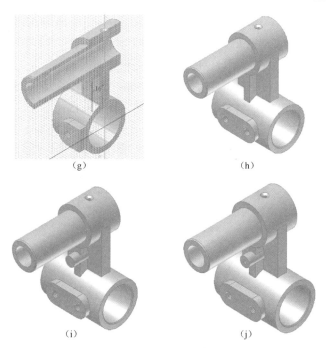

(g) 　　　　　　　　　　　　(h)

(i) 　　　　　　　　　　　　(j)

图 8.13　十字接头建模步骤（续）

8.5　螺旋扫掠特征——滑梯

例 8.7　建立如图 8.14 所示的滑梯模型。

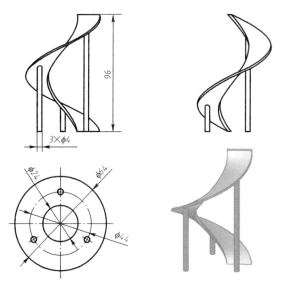

图 8.14　滑梯模型

1. 模型分析

滑梯的俯视图是圆环，可以看出，它是绕圆柱表面而形成的，是一条螺旋形的滑梯。可以通过螺旋扫掠方式进行造型。

2. 操作步骤

（1）进入零件工作模式，单击"圆" 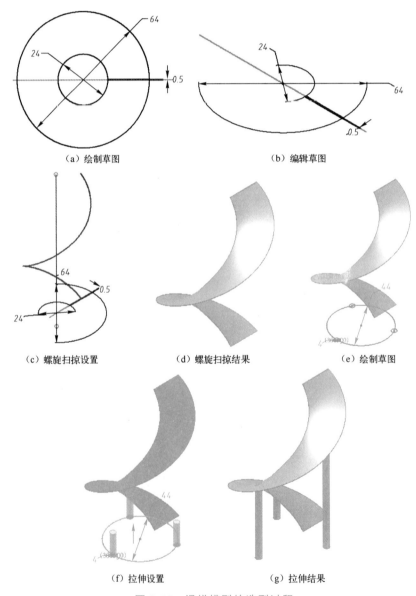命令和"通用尺寸" 命令，两个圆的直径为24和64，绘制草图如图8.15（a）所示，对草图进行编辑，如图8.15（b）所示。

（2）单击"螺旋扫掠"命令 ，自动捕捉截面轮廓，选择Z轴为扫掠轴，在"螺纹规格"页面上，类型选择"转数和高度"，转数为1，高度为96，如图8.15（c）所示，结果如图8.15（d）所示。

（3）单击鼠标右键，在弹出的右键菜单中单击"新建草图"命令 ，然后单击原始坐标系的XY平面为草图平面。绘制草图如图8.15（e）所示。

（4）单击"拉伸"命令 ，选择3个圆作为拉伸截面轮廓，拉伸范围"到"，点击螺旋曲面，如图8.15（f）所示，拉伸后的结果如图8.15（g）所示。

（a）绘制草图　　　　　　　　　　　（b）编辑草图

（c）螺旋扫掠设置　　　　（d）螺旋扫掠结果　　　　（e）绘制草图

（f）拉伸设置　　　　　　　　　（g）拉伸结果

图 8.15　滑梯模型的造型过程

8.6　扫掠特征——水杯和三维管道

8.6.1　水杯

例 8.8　根据水杯的视图和尺寸（图 8.16），对其进行三维建模。

模型分析：水杯的整体可分为两部分，即杯体和手柄，杯体可以通过旋转方式得到，手柄可以通过扫掠得到，其建模步骤如图 8.17 所示。

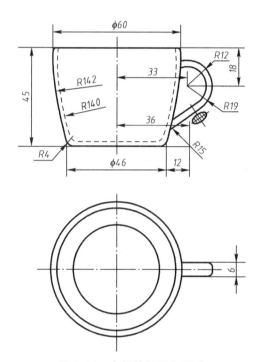

图 8.16　水杯的视图和尺寸

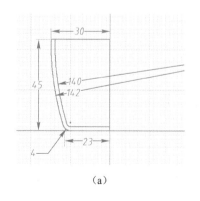
（a）

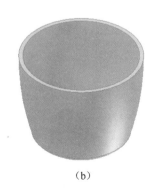
（b）

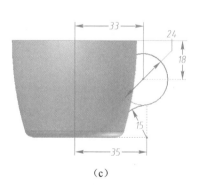
（c）

图 8.17　水杯模型的造型过程

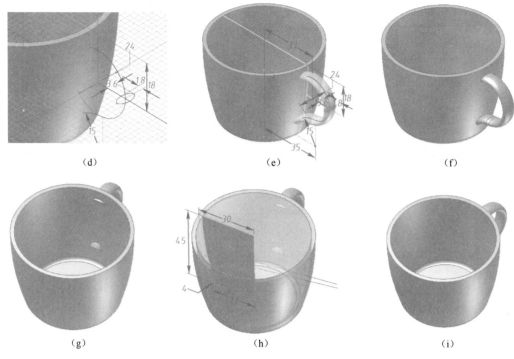

(d)   (e)   (f)

(g)   (h)   (i)

图 8.17   水杯模型的造型过程（续）

8.6.2   三维管道

例 8.9   建立如图 8.18 所示的三维管道模型。

图 8.18   三维管道模型

1. 模型分析

三维管道通过传统的螺旋扫掠方式不能进行造型，此时可以通过扫掠方式进行造型。其扫掠路径是其难点部分，可以通过衍生、三维草图方式生成。

2. 操作步骤

（1）进入零件工作模式，单击"矩形" ⬜ 命令和"通用尺寸" ⊓ 命令，矩形的长和宽分别为 100 和 80，绘制草图如图 8.19（a）所示，完成草图。

（2）单击"拉伸"命令 ，系统自动捕捉拉伸截面轮廓，拉伸距离为 60，如图 8.19（b）所示，拉伸后的结果如图 8.19（c）所示。单击"保存"按钮，保存为"管道屋 .ipt"，然后点击绘图区的关闭按钮。

（3）新建一个零件，进入零件工作模式，在绘图区点击右键，选择"完成草图"，退出草图模式，在功能区上，单击"管理"选项卡，在"插入"面板上单击"衍生"命令 ，弹出"打开"对话框，选择上面刚建立的"管道屋 .ipt。"，点击"打开"按钮，弹出"衍生零件"对话框，选择衍生样式为"实体作为工作曲面" ，衍生结果如图 8.19（d）所示。

（4）单击鼠标右键，在弹出的右键菜单中单击"新建草图"命令 ，然后单击原始坐标系的 XY 平面为草图平面。单击"投影几何图元" 命令，将长方形底面的四个边投射到草图平面上。单击"点"命令 绘制 2 个草图点，单击"重合约束命令" ，将 2 个草图点约束到竖直线上，单击"通用尺寸" 命令，标注草图点距离两个边的距离都为 5，如图 8.19（e）所示，完成草图。

（5）单击鼠标右键，在弹出的右键菜单中单击"新建草图"命令 ，然后单击长方体的上表面为草图平面。单击"投影几何图元" 命令，将上述两个草图点投射到草图平面上。

单击"点"命令 绘制 2 个草图点，单击"通用尺寸" 命令，标注每个草图点距离两个边的距离都为 5，如图 8.19（f）所示，完成草图。

（6）单击鼠标右键，在弹出的右键菜单中单击"新建三维草图"命令 ，系统进入到三维草图模式，单击"三维直线段" 命令，依次选择 6 个草图点，如图 8.19（g）所示。

（7）单击"折弯" 命令，折弯半径为 5，依次选择 4 个直角处，结果如图 8.19（h）所示，完成三维草图。

（8）单击鼠标右键，在弹出的右键菜单中单击"新建草图"命令 ，然后单击原始坐标系的 XY 平面为草图平面。单击"投影几何图元" 命令，将草图点投射到草图平面上，单击"圆"命令 绘制圆，圆心在草图点的投影点，圆的直径为 5，如图 8.19（i）所示，完成草图。

（9）单击"扫掠" 命令，选择圆截面作为扫掠截面，单击折线作为路径，如图 8.19（j）所示，隐藏工作曲面和所有可见草图，扫掠结果如图 8.19（k）所示。

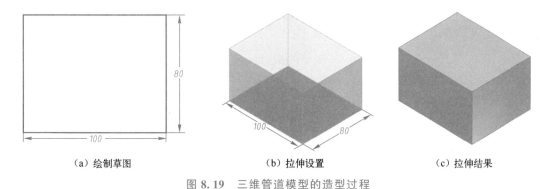

| (a) 绘制草图 | (b) 拉伸设置 | (c) 拉伸结果 |

图 8.19　三维管道模型的造型过程

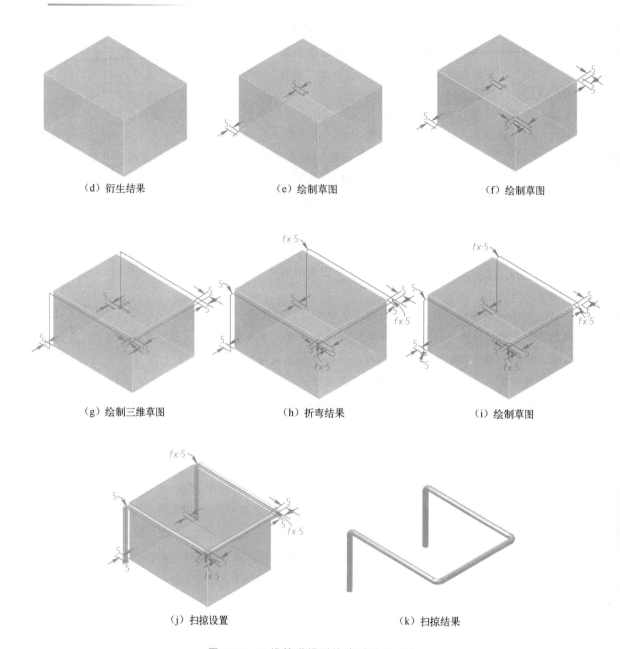

（d）衍生结果　　　　　　　　（e）绘制草图　　　　　　　　（f）绘制草图

（g）绘制三维草图　　　　　　（h）折弯结果　　　　　　　　（i）绘制草图

（j）扫掠设置　　　　　　　　（k）扫掠结果

图 8.19　三维管道模型的造型过程（续）

8.7　阵列特征——垃圾筐

例 8.10　根据垃圾筐的视图和尺寸（图 8.20），对其进行三维建模。

模型分析

垃圾筐的整体可以通过旋转方式得到，镂空可以通过拉伸和环形阵列得到，其建模步骤如图 8.21 所示。

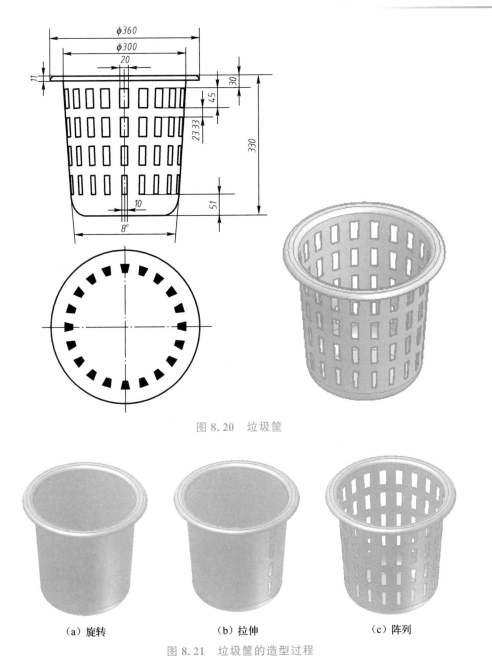

图 8.20　垃圾筐

（a）旋转　　　　　　　　（b）拉伸　　　　　　　　（c）阵列

图 8.21　垃圾筐的造型过程

8.8　工作平面——机件

例 8.11　根据机件的视图和尺寸（图 8.22），对其进行三维建模。

模型分析

机件的从整体上可以分为 3 部分，上面两部分是倾斜放置，因此必须设置合适的工作平面作为草图平面，然后可以通过拉伸得到，其建模步骤如图 8.23 所示。

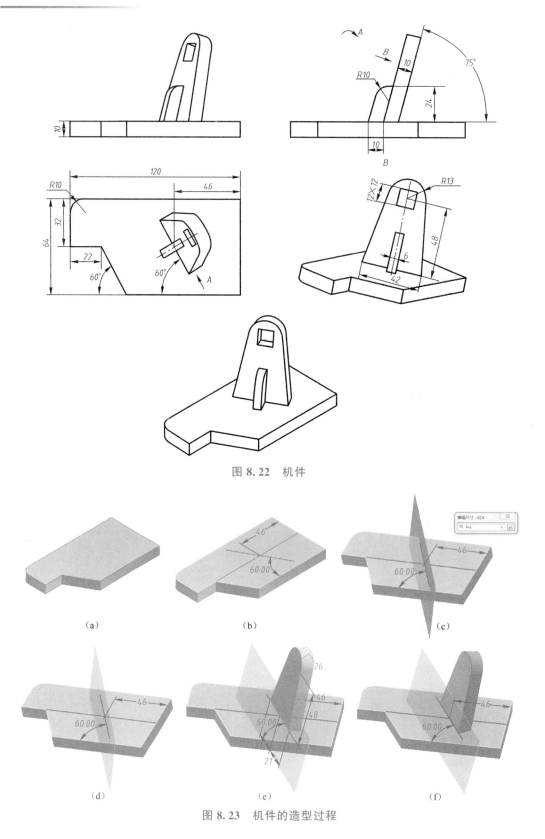

图 8.22　机件

（a）　　　　　　　　（b）　　　　　　　　（c）

（d）　　　　　　　　（e）　　　　　　　　（f）

图 8.23　机件的造型过程

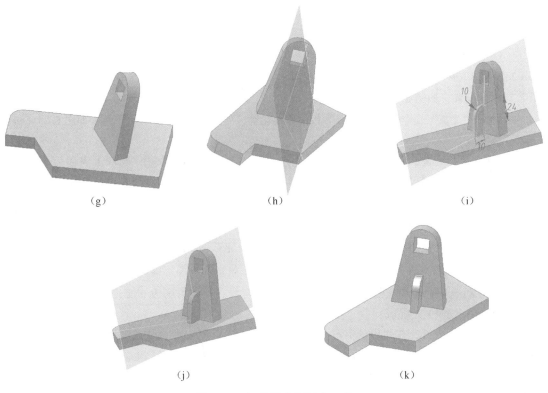

（g）　　　　　　　　　　（h）　　　　　　　　　　（i）

（j）　　　　　　　　　　　　　　（k）

图 8.23　机件的造型过程（续）

8.9　钣金——镊子

例 8.12　建立如图 8.24 所示的镊子模型。

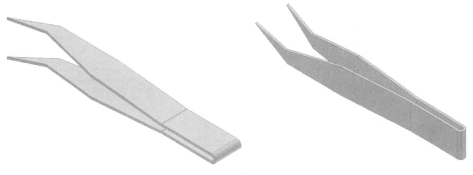

图 8.24　镊子模型

1. 模型分析

镊子不同于常规零件，其厚度一样，且为了便于制造，其适合做成钣金零件，这样就可以从翻折模型转变为展开模式，方便下料。

2. 操作步骤

（1）单击"直线" ✏️命令和"通用尺寸" ⊟命令，绘制直线草图并标注尺寸，如图 8.25（a）所示。单击"镜像" ⋈命令，完成草图。如图 8.25（b）所示。

（2）单击"钣金默认设置"命令 ⬚，单击"使用规则中的厚度"前面的复选框☑，可以对"厚度"进行设置，如图 8.25（c）所示。

（3）单击"平板"命令 ⬚，选择要平板的截面轮廓，如图 8.25（d）所示，结果如图 8.25（e）所示。

（4）单击鼠标右键，在弹出的右键菜单中单击"新建草图"命令 ⬚，选取上表面为草图平面，单击"直线" ✏️命令，选取自动投影的中点绘制直线草图，如图 8.25（f）所示，完成草图。单击"折叠"命令 ⤵️，选择步骤（3）的草图直线为折弯线，如图 8.25（g）所示，结果如图 8.25（h）所示。

（5）单击鼠标右键，在弹出的右键菜单中单击"新建草图"命令 ⬚，选取上表面为草图平面，单击"直线" ✏️命令和"通用尺寸" ⊟命令，绘制直线草图，如图 8.25（i）所示，完成草图。单击"折叠"命令 ⤵️，选择上述草图直线为折弯线，折叠角度为 5 度，如图 8.25（j）所示，结果如图 8.25（k）所示。

（6）单击鼠标右键，在弹出的右键菜单中单击"新建草图"命令 ⬚，选取另外一侧为草图平面，单击"投影几何图元" ⬚命令，将步骤（5）所绘制直线投射到草图平面，如图 8.25（l）所示，完成草图。单击"折叠"命令 ⤵️，选择投射直线为折弯线，折叠角度为 5 度，如图 8.25（m）所示，结果如图 8.25（n）所示。

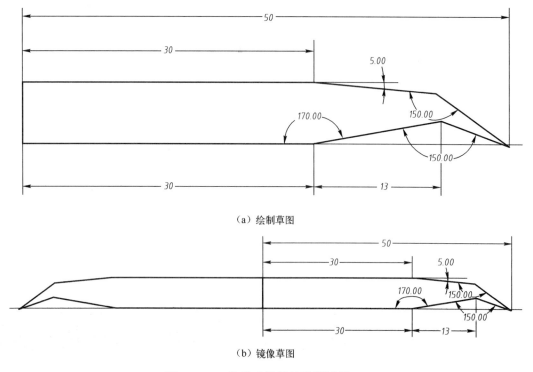

（a）绘制草图

（b）镜像草图

图 8.25　三维管道模型的造型过程

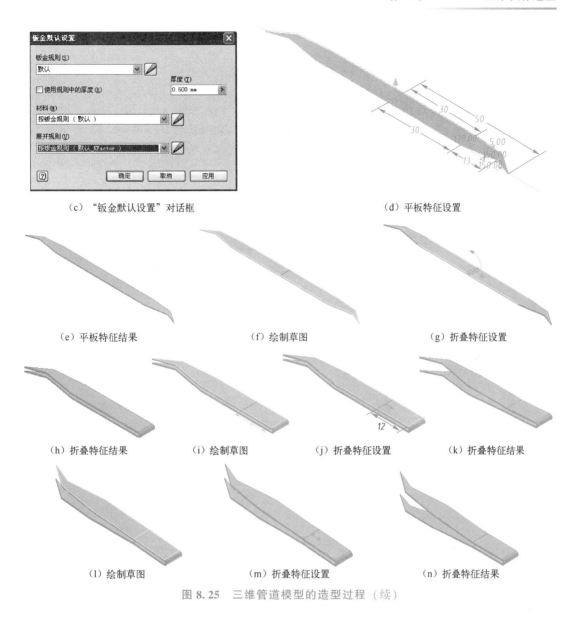

（c）"钣金默认设置"对话框

（d）平板特征设置

（e）平板特征结果

（f）绘制草图

（g）折叠特征设置

（h）折叠特征结果

（i）绘制草图

（j）折叠特征设置

（k）折叠特征结果

（l）绘制草图

（m）折叠特征设置

（n）折叠特征结果

图 8.25　三维管道模型的造型过程（续）

8.10　综合举例——钥匙

例 8.13　建立如图 8.26 所示的钥匙模型。

图 8.26　创建钥匙

1. 创建钥匙柄

（1）绘制草图，如图8.27（a）所示。

（2）拉伸操作，距离为10，如图8.27（b）和图8.27（c）所示。

（3）圆角操作，半径分别为5和4，如图8.27（d）～图8.27（g）所示。

（4）选择对称坐标面为草图平面绘制草图，如图8.27（h）和图8.27（i）所示。

（5）分割操作，分隔工具为上述草图，如图8.27（j）和图8.27（k）所示。

（6）镜像操作，镜像面为对称平面，如图8.27（l）和图8.27（m）所示。

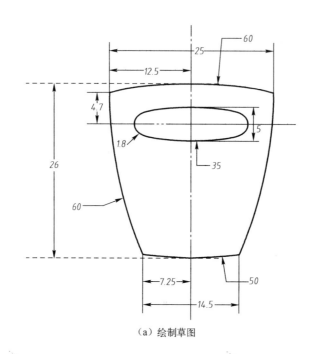

（a）绘制草图

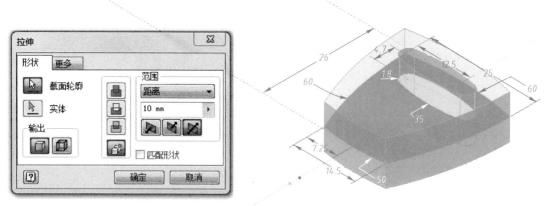

（b）拉伸设置

图8.27　创建钥匙柄

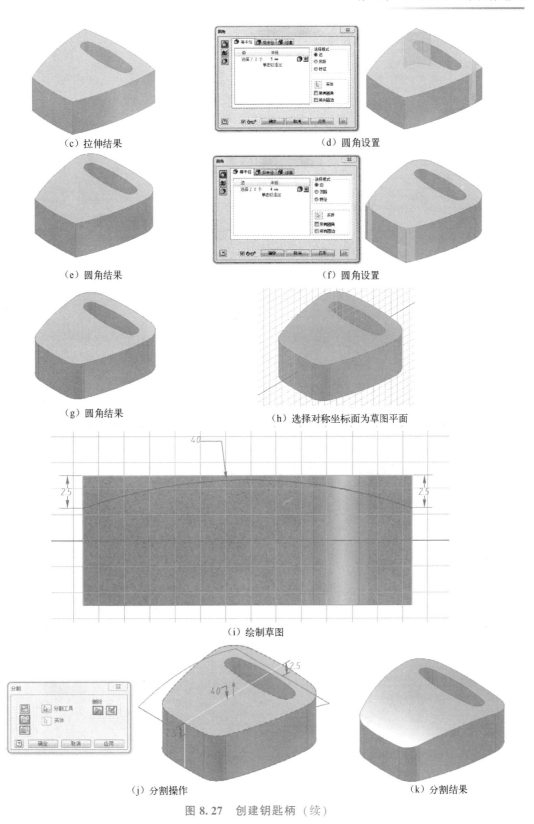

（c）拉伸结果　　　　　　　　　　　　　（d）圆角设置

（e）圆角结果　　　　　　　　　　　　　（f）圆角设置

（g）圆角结果　　　　　　　（h）选择对称坐标面为草图平面

（i）绘制草图

（j）分割操作　　　　　　　　　　　　（k）分割结果

图 8.27　创建钥匙柄（续）

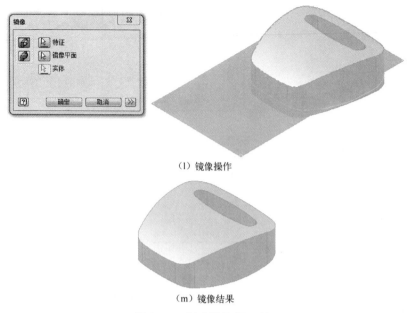

（l）镜像操作

（m）镜像结果

图 8.27　创建钥匙柄（续）

2. 创建钥匙体

1）拉伸基本体

（1）创建工作平面 1、工作平面 2，工作平面 2 与工作平面 1 的距离为 40，如图 8.28（a）～图 8.28（c）所示。

（2）以工作平面 2 为草图平面绘制草图，如图 8.28（d）所示。

（3）拉伸操作，范围选择"到平面或表面"，如图 8.28（e）和图 8.28（f）所示。

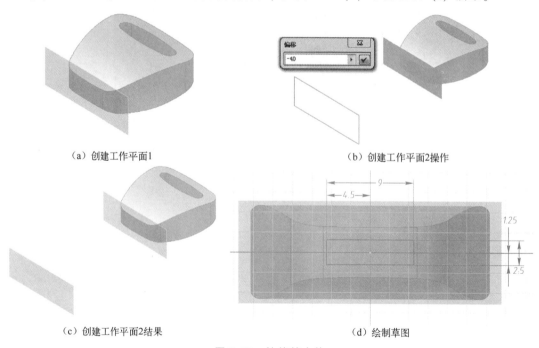

（a）创建工作平面1

（b）创建工作平面2操作

（c）创建工作平面2结果

（d）绘制草图

图 8.28　拉伸基本体

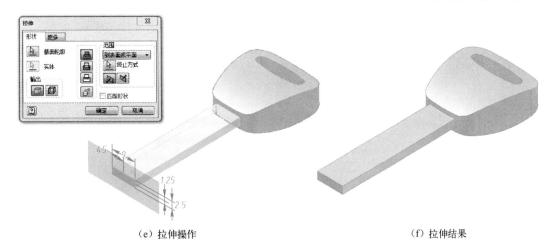

（e）拉伸操作　　　　　　　　　　　　　　　　（f）拉伸结果

图 8.28　拉伸基本体（续）

2）创建凹槽

（1）创建草图平面，如图 8.29（a）所示。

（2）绘制草图，如图 8.29（b）所示。

（3）拉伸操作，距离为 2.5，如图 8.29（c）和图 8.29（d）所示。

（4）同理再次拉伸结果如图 8.29（e）所示。

（5）单击"工具"→"应用程序选项"→"草图"命令，取消选中"自动投影边以创建和编辑草图"的复选框。

（6）用"投影几何图元"命令创建扫掠路径，如图 8.29（f）所示。

（7）创建扫掠所用草图，如图 8.29（g）所示。

（8）扫掠操作，如图 8.29（h）和图 8.29（i）所示。

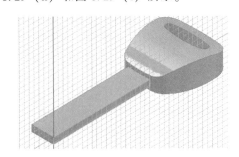

（a）创建草图平面

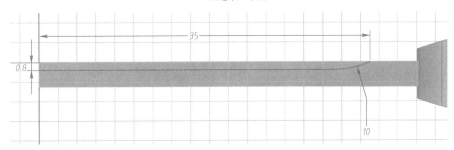

（b）绘制草图

图 8.29　创建凹槽

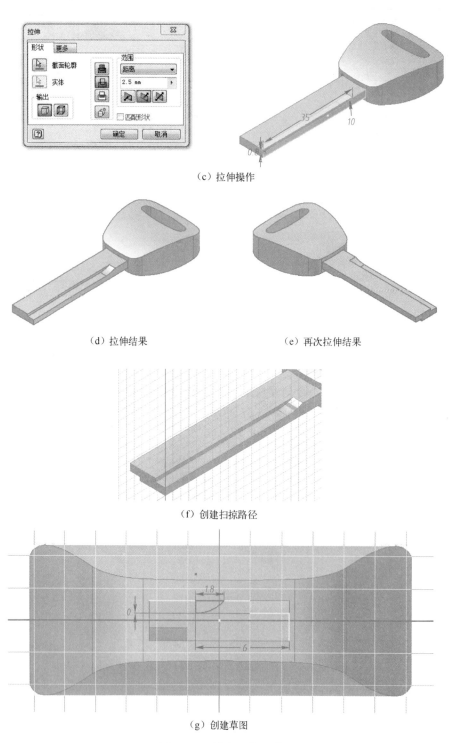

（c）拉伸操作

（d）拉伸结果

（e）再次拉伸结果

（f）创建扫掠路径

（g）创建草图

图 8.29　创建凹槽（续）

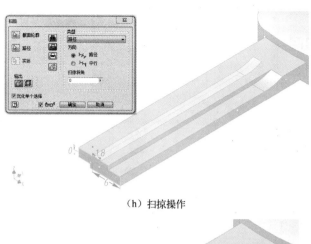

（h）扫掠操作

（i）扫掠结果

图 8.29　创建凹槽（续）

3）创建钥匙齿

（1）绘制草图，如图 8.30（a）所示。

（2）分割操作，分隔工具为上述草图，如图 8.30（b）和图 8.30（c）所示。

（3）镜像操作，镜像平面为对称坐标面，如图 8.30（d）和图 8.30（e）所示。

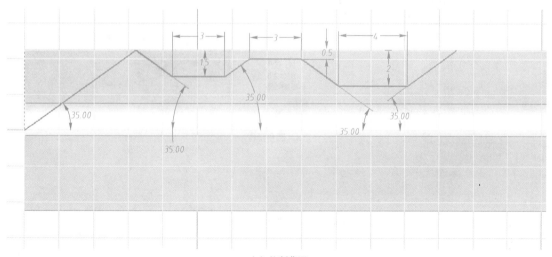

（a）绘制草图

图 8.30　创建钥匙齿

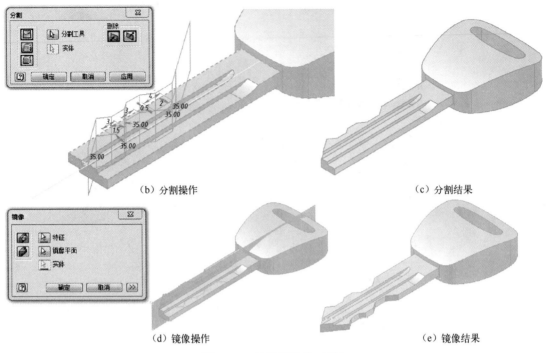

（b）分割操作　　　　　　　　　　　　　　（c）分割结果

（d）镜像操作　　　　　　　　　　　　　　（e）镜像结果

图 8.30　创建钥匙齿（续）

4）细化零件

（1）圆角操作，半径为 0.5，如图 8.31（a）和图 8.31（b）所示。

（2）圆角操作，半径为 1.5，如图 8.31（c）和图 8.31（d）所示。

（3）圆角操作，曲线四段圆弧的交点半径分别为 1.5、2.5、1.5、2.5，如图 8.31（e）和图 8.31（f）所示。最终渲染结果如图 8.26 所示。

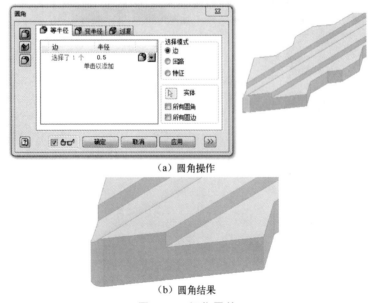

（a）圆角操作

（b）圆角结果

图 8.31　细化零件

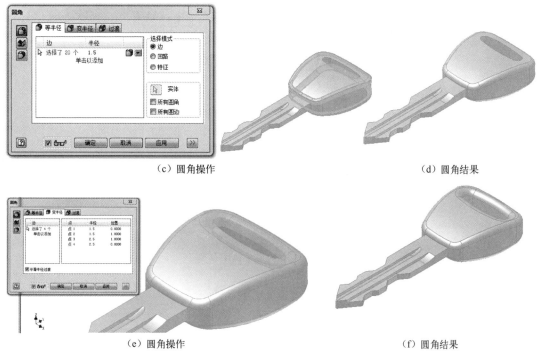

（c）圆角操作　　　　　　　　　　　　　　　（d）圆角结果

（e）圆角操作　　　　　　　　　　　　　　　（f）圆角结果

图 8.31　细化零件（续）

8.11　自　测　题

1. 创建如图 8.32 所示的十字把手的三维模型。

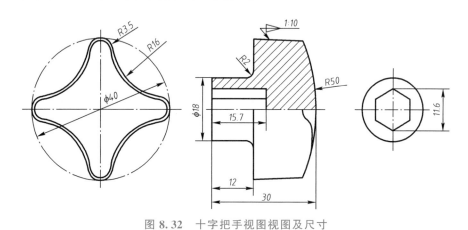

图 8.32　十字把手视图视图及尺寸

2. 创建如图 8.33 所示的蝴蝶阀阀体的三维模型。

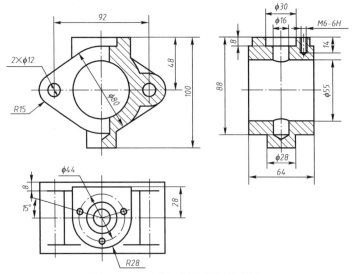

图 8.33　蝴蝶阀阀体视图及尺寸

3. 根据所给的视图（图 8.34），创建吊钩的三维模型。

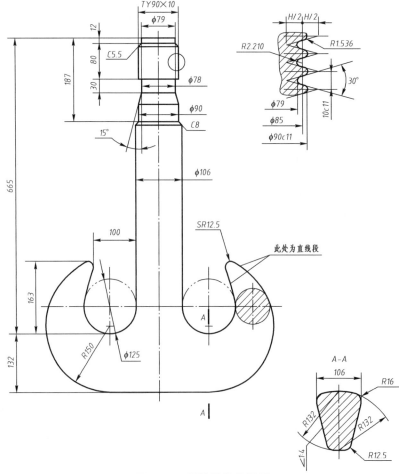

图 8.34　所给吊钩的视图

4. 根据所给的视图（图 8.35），创建车架后下叉的三维模型。

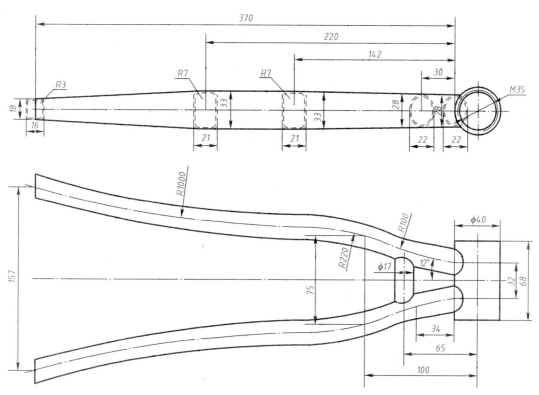

图 8.35　所给车架后下叉的的视图

8.12　自测题答案

1.

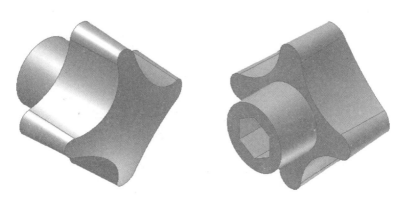

图 8.36　十字把手的三维模型

2.

图 8.37　蝴蝶阀阀体的三维模型

3.

图 8.38　吊钩的三维模型

4.

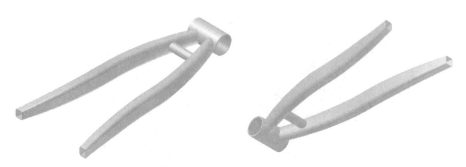

图 8.39　车架后下叉的三维模型

第9章　考试范例及参考答案

9.1　试　卷　A

一、选择题。（20分）

1. 下面主俯视图正确的是（　　　）。

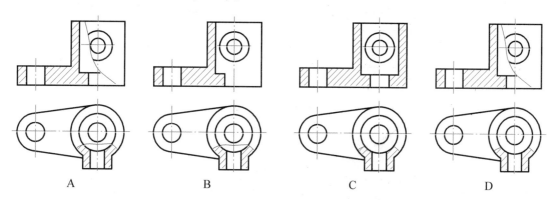

| A | B | C | D |

2. 普通粗牙螺纹：大径24，螺距3，右旋，螺纹的尺寸标注正确的是（　　　）。

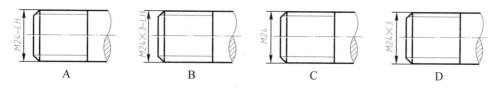

| A | B | C | D |

3. 下面视图正确的是（　　　）。

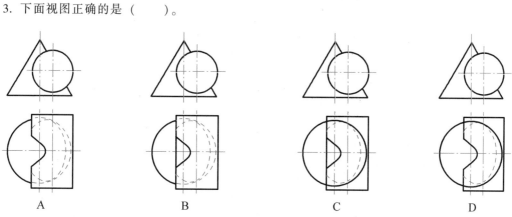

| A | B | C | D |

4. 下面正确的移出断面的是（　　　）。

A-A　　　　　　　　　　　　　　　　　　　　　B-B

A　　　　　　　B　　　　　　　C　　　　　　　D

二、补画下列视图中漏缺的线。（10分）

三、补画左视图。（15分）

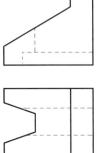

四、补全左视图，补画主视图。（15分）

五、用适当的表达方法将机件的内外形状表达清楚。（25 分）

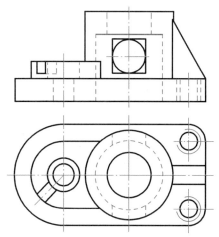

六、过 *O* 点作矩形 *ABCD*，使边 *AB* 与 *EF*、 *GH* 相交，点 *B* 在 *GH* 上，点 *C* 在 *MN* 上。（15 分）

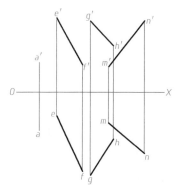

9.2　试卷 A 参考答案

一、

DCAC

二、

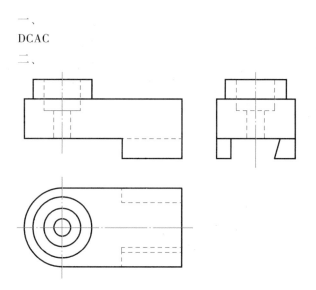

三、

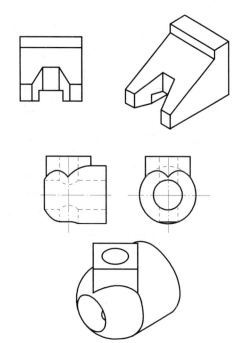

四、

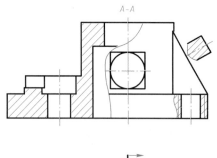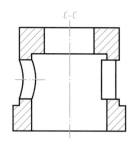

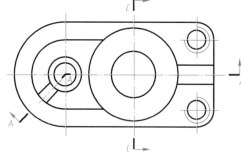

五、

六、

解题步骤：

1. 连接 *AGH*。

2. 找出平面 *AGH* 与 *EF* 的交点 *K*。

3. 连接 *AK* 并延长，与 *GH* 相交于 *B* 点。

4. 把 *AB* 换成平行线，同时把 *MN* 也换过去。

5. 过 *B* 点做直线 *BC* 垂直于 *AB*，*BC* 与 *MN* 交于点 *C*。

6. 返回 *C* 点，作 *CD* 与 *AB* 平行，*AD* 与 *BC* 平行，找出交点 *D*。

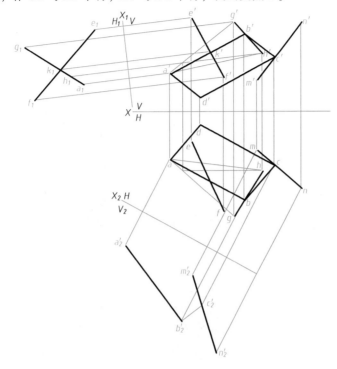

9.3　试　卷　B

一、　改错，将正确的画在右边。（10 分）

1.

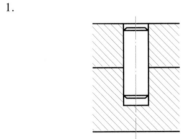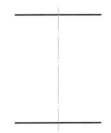

2.

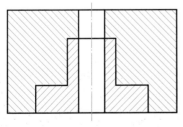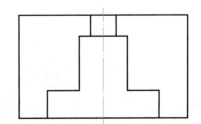

二、　已知轴系部件装配图。（20 分）

1. 根据图中给定的零件规格查表，在指定的位置分别画出螺钉、垫圈、轴承（规定画法）、键和齿轮图。

2. 根据已给的基准制、公差等级及基本偏差代号，在装配图中标注尺寸和配合代号。

（1）轴与滚动轴承内圈：基本尺寸为 φ45，采用基孔制过渡配合，轴的公差等级为 6 级，基本偏差代号为 k，滚动轴承内径公差等级为 7 级。

（2）齿轮孔径与轴：基本尺寸为 φ30，采用基孔制间隙配合，轴的公差等级为 6 级，基本偏差代号为 h，孔的公差等级为 7 级。

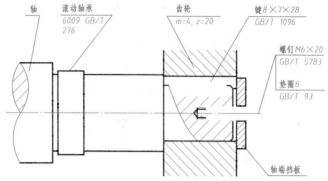

三、作一平面平行于△ABC，使 DE 在两个平行平面之间的实长为 20 mm。（10 分）

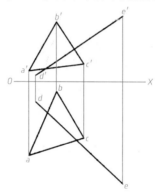

四、已知螺母零件图（20 分）。

1. 作出 A-A 移出断面图。

2. 标注所有尺寸，尺寸数值按图量取整数。其中螺纹牙型为梯形，螺距为 5，左旋，中径的公差带代号为 7H。

3. 标注表面结构，其中左右端面和右端外圆柱面均是 $\sqrt{Ra12.5}$，两个小孔表面为 $\sqrt{Ra25}$，其他表面均为 $\sqrt{Ra6.3}$。

4. 标注左端外圆柱面对轴线的圆跳动公差，公差值为 0.05。

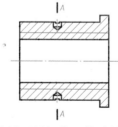

五、读仪表车床尾架装配图，并拆画尾架体 1 的零件图。（40 分）

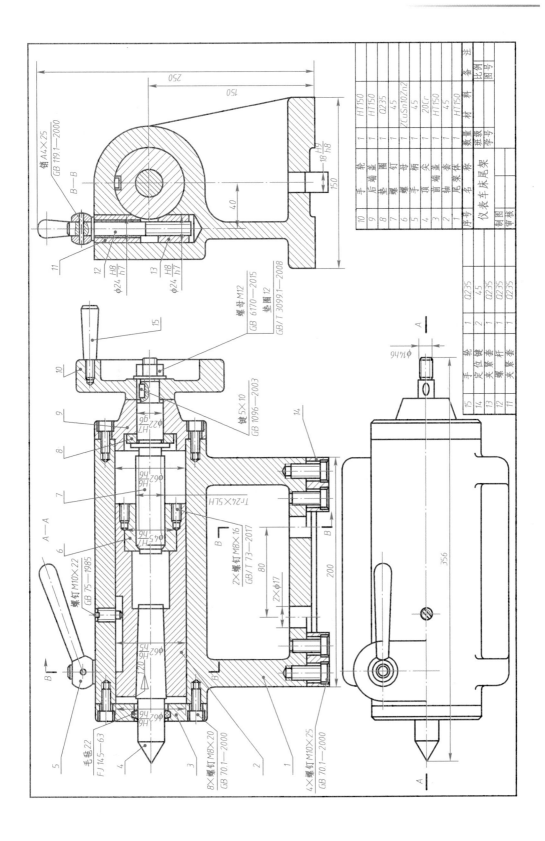

　　提示：仪表车床尾架中的顶尖 4 装在轴套 2 内；螺母 6 用两个螺钉 M8×16 与轴套固定；轴套与尾架体 1 的孔是间隙配合。螺钉 M10×22 用来限制轴套的转动与轴向移动范围；螺杆 7 与手轮 10 用键连接，并由垫圈 8 与螺母 M12 和垫圈 12 将其轴向定位。当转动手轮时，通过键使螺杆旋转，再通过螺母的作用，使轴套带着顶尖作轴向移动。

　　当顶尖移到所需位置时，旋转锁紧手柄 5，通过销带动螺杆 12 转动，再通过螺纹的作用使夹紧套 13 将轴套锁紧。仪表车床尾架靠导向定位键 14 嵌入机床床身的 T 型导轨内，用纵向滑动来调整顶尖与床头箱的距离，以适应加工不同长度的零件。当调整好后，用螺钉锁紧在床身上。

9.4　试卷 B 参考答案

一、

1.　　　　　　　　　　2.

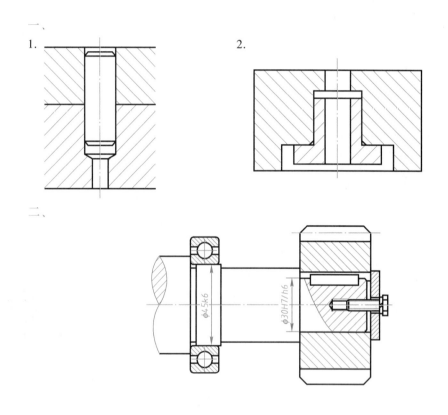

二、

三、

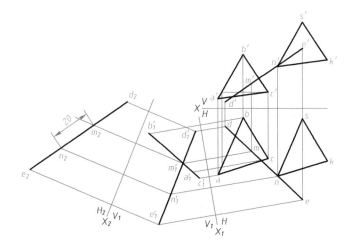

四、

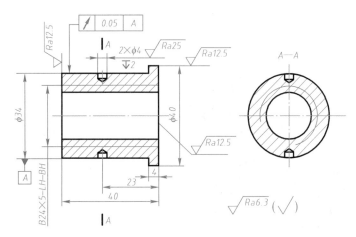

五、

方案（一）：

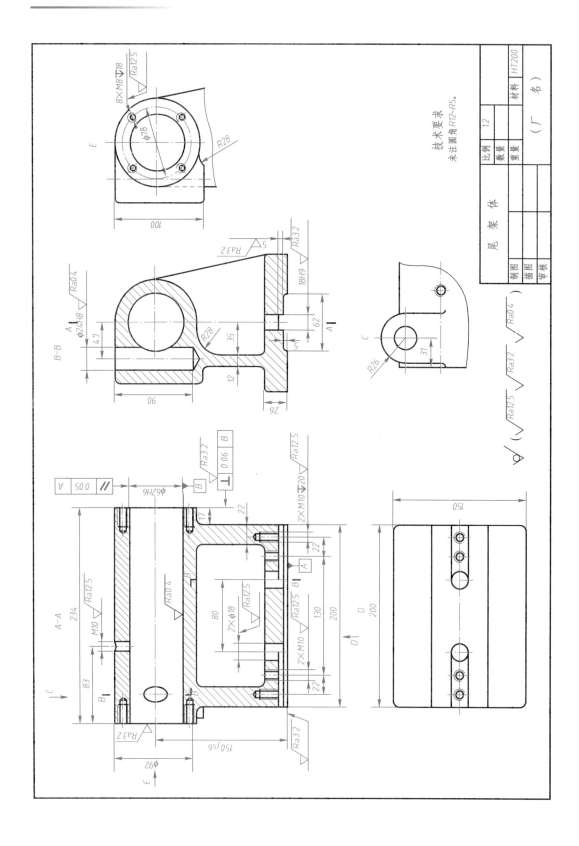

对比下列方案:

方案（二）:

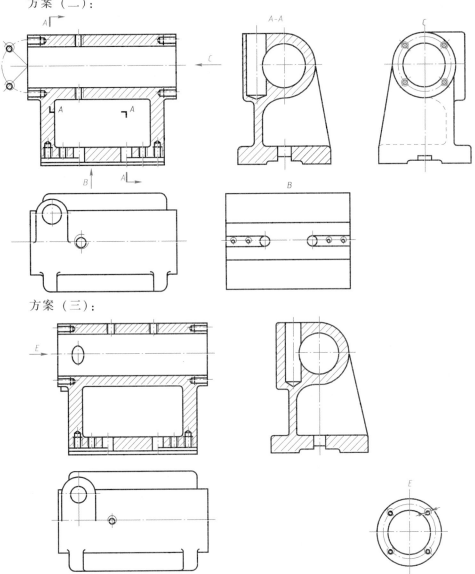

方案（三）:

参 考 文 献

[1]   万静，许纪倩，杨皓，等 . 机械制图 [M]. 2 版 . 北京：清华大学出版社，2016.

[2]   窦忠强，曹彤，陈锦昌，等 . 工业产品设计与表达习题集（第三版）[M]. 北京：高等教育出版社，2016.

[3]   王国顺，朱静 . 现代机械制图习题集 [M]. 2 版 . 北京：机械工业出版社，2015.

[4]   仝基斌，晏群 . 机械制图习题集 [M]. 北京：机械工业出版社，2012.

[5]   刘虹，黄笑梅，屈新怀，等 . 现代机械工程图学解题指导 [M]. 北京：机械工业出版社，2014.

[6]   陆国栋，施岳定 . 工程图学解题指导与学习引导 [M]. 北京：高等教育出版社，2007.

[7]   王兰美，殷昌贵 . 画法几何及工程制图习题集 [M]. 3 版：北京：机械工业出版社，2016.

笔记栏